高职高专"十四五"规划教材

数字电子技术项目教程

（第 2 版）

主　编　吴新杰　　陈应华
副主编　张晓霞　　王　力　董立国　罗志霄

北京航空航天大学出版社

内 容 简 介

本书以逻辑关系为主线,主要介绍数字电子技术的设计、安装和调试方法,包括逻辑电路基础、组合逻辑电路、时序逻辑电路、脉冲产生与整形电路、综合应用电路等。

本书含较多图片,且配有 Multisim 仿真程序和电子课件,便于读者自学。

本书可以作为职业院校的教学用书,也是电子技术爱好者的自学参考书。

图书在版编目(CIP)数据

数字电子技术项目教程 / 吴新杰,陈应华主编. --
2 版. -- 北京 : 北京航空航天大学出版社,2021.12
 ISBN 978 - 7 - 5124 - 3683 - 1

Ⅰ. ①数… Ⅱ. ①吴… ②陈… Ⅲ. ①数字电路—电
子技术—高等学校—教材 Ⅳ. ①TN79

中国版本图书馆 CIP 数据核字(2021)第 279016 号

数字电子技术项目教程(第 2 版)
主 编 吴新杰 陈应华
副主编 张晓霞 王 力 董立国 罗志霄
责任编辑 董立娟
*
北京航空航天大学出版社出版发行

北京市海淀区学院路 37 号(邮编 100191) http://www.buaapress.com.cn
发行部电话:(010)82317024 传真:(010)82328026
读者信箱:emsbook@buaacm.com.cn 邮购电话:(010)82316936
三河市华骏印务包装有限公司印装 各地书店经销
*
开本:710×1 000 1/16 印张:12 字数:256 千字
2022 年 1 月第 2 版 2022 年 1 月第 1 次印刷 印数:2 000 册
ISBN 978 - 7 - 5124 - 3683 - 1 定价:39.00 元

前　　言

本书贯彻"工学结合、项目引导、任务驱动、教学做一体化"的原则,校企合作编写,理论与实践并重,融教材、实验指导书、工作手册于一体。

本书是再版书,但改动较大,重新组织了结构,先通过知识储备环节介绍本章涉及的理论知识,然后是仿真任务和实操任务,最后是拓展、本章小结、思考与提高、本章习题。

仿真任务和实操任务是本书最重要的组成部分。仿真时应利用技术手段的优势,多修改电路参数,了解不同参数对电路的影响,从而加深对理论知识的理解。实操任务是使用实物进行操作训练,有助于掌握仪器仪表使用方法、电路安装调试方法等;在实际训练时,理论知识的指导作用也是非常重要的。学生在仿真和实操时应按照步骤操作,将操作记录和测量数据填入任务单中;操作完成后,检查5S并记录,总结经验体会,最后完成自我评价、他评(互评)和教师总评。

拓展分为知识拓展和任务拓展。知识拓展主要是主干线之外的知识,学生可以自学,教师也可以根据需要选取部分内容进行讲解;任务拓展主要是在仿真任务或实操任务基础之上的加深和提高,属于开放性任务,可提高思考能力和创新能力,学有余力的学生可以选做。

本章小结是对知识和技能的总结,帮助学生自我复习和总结。

思考与提高部分用于锻炼思维能力,其中有些题目具有一定难度。

本章习题中的习题难度不高,可留作课后作业,也可以组成试卷进行水平测试。

本书由北京经济管理职业学院吴新杰副教授、广州科技贸易职业学院陈应华高级工程师主编,广州科技贸易职业学院张晓霞、董立国和广东工程职业技术学院的王力、罗志霄担任副主编。宁波高新区甬晶微电子有限公司高级工程师张国鹏提供了部分技术资料并负责全书的审阅。

吴新杰负责统筹策划,并编写了第1、2章,陈应华编写了第3章,张晓霞、王力编写了第4章,董立国、罗志霄编写了第5章。

为方便教学,本书备有电子课件、仿真程序等,欢迎读者和教师免费索取,联系邮箱:wuxinjie@biem.edu.cn。

由于时间仓促,加之作者水平有限,书中难免有错漏之处,恳请各位读者批评指正。

编　者
2021 年 12 月

目　　录

第 **1** 章

逻辑电路基础

专业知识

➤ 了解逻辑学基本概念；

➤ 深刻理解逻辑代数的 3 种基本逻辑关系；

➤ 理解逻辑代数的复合运算；

➤ 知道电平的含义；

➤ 掌握逻辑门电路的符号、真值表、表达式等表示方法；

➤ 掌握真值表、表达式、电路图间的转换方法。

专业技能

➤ 会使用万用表、示波器等仪器测量电平的高低；

➤ 能熟练判断数字集成电路的引脚排列顺序并正确安装；

➤ 能将数字集成电路与电路符号对照应用；

➤ 会按照电路图连接电路。

素质提高

➤ 通过学习逻辑学基本知识提高人文素质；

➤ 通过学习逻辑代数提高科学素质；

➤ 通过学习电路理论和实际操作提高专业素质；

➤ 通过小组合作，提高交流能力和合作意识。

思政元素

➤ 通过学习逻辑学发展史了解传统文化中的逻辑理念；

➤ 通过仿真和实操融入工匠精神。

1.1 知识储备

数字电子技术的数学基础来自逻辑代数,逻辑代数是逻辑学发展的结果,是逻辑学与数学的结合。

1.1.1 逻辑学和逻辑代数简介

1. 传统逻辑学

逻辑学(Logic)是研究人类思维形式及其规律的科学。逻辑学有三大源流:以亚里士多德的词项逻辑为代表的古希腊逻辑,以先秦名辩学为代表的古中国逻辑,以正理论和因明学为代表的古印度逻辑。

传统逻辑学属于哲学范畴,在中国古代早就存在朴素唯物主义和朴素辩证法的思想,朴素辩证法思想体现的就是传统逻辑学的主要在内容。战国后期名家代表人物公孙龙(公元前320—公元前250年)提出的"白马非马"论就是一个著名的逻辑学命题(见《汉书·艺文志》《公孙龙子》)。

中国古代和古印度对逻辑学缺乏系统化的研究,对现代逻辑学的影响较小。真正对现代逻辑学影响较大的是古希腊逻辑学,主要是指亚里士多德逻辑,经过中世纪的演变一直沿用到19世纪(乃至今天),这就是传统逻辑学。

传统逻辑所讨论的命题限于主宾式语句,按质量结合分成4种。换句话说,传统逻辑所讨论的命题限于下列4种:

- ➤ 全称肯定命题(SAP):凡S都是P;
- ➤ 全称否定命题(SEP):凡S都不是P;
- ➤ 特称肯定命题(SIP):有S是P;
- ➤ 特称否定命题(SOP):有S不是P。

然后在这4种命题之上发展了三段论。

三段论也称为"三段论式""直言三段论",它包括大前提、小前提、结论三个部分,每个部分都是直言判断。三段论的例子:没有一个人是永生的(大前提),希腊人是人(小前提),所以没有一个希腊人是永生的(结论)。

传统逻辑的主要缺点:局限于主宾式语句,三段论式并不能包括日常所使用的各种推理式,对于量词的研究不足。

2. 现代逻辑学

传统逻辑沿用到了19世纪,开始酝酿改革。其一是人们感到传统逻辑的不足,须加以改进,尤其是借助数学的方法(如使用符号、注重推理等)而加以改进;另外是对数学基础的研究,产生了大量与逻辑有关的问题,从这两者便引出了数理逻辑。

数理逻辑的创始者是德国的数学家兼哲学家莱布尼茨,他提出了传统逻辑的改革研究方向。乔治·布尔(G·Boole)在 1847 年发表了《逻辑的数学分析》,随后又发表了一系列著作,正式提出改革传统逻辑的主张及具体方案;他是继承莱布尼茨之后的数理逻辑的第二个创始者。布尔的成果便是今天有名的布尔代数,布尔代数是数理逻辑乃至数学中的一个重要内容。

数理逻辑是研究数学推理的逻辑,属于数学基础的范畴。现代逻辑主要指数理逻辑和在数理逻辑基础上发展起来的逻辑。

20 世纪 30 年代,逻辑学相继取得了 3 个划时代的成果(哥德尔不完全性定理、塔斯基形式语言真理论、图灵机及其应用理论),为现代逻辑学的蓬勃发展奠定了理论基础。

现在,现代逻辑学已从单一学科逐步发展成为理论严密、分支众多、应用广泛的学科群。现代逻辑学的基本理论是多方面的,大致包括数理逻辑、哲学逻辑、自然语言逻辑、逻辑与计算机科学的交叉研究、现代归纳逻辑、逻辑哲学等方面的内容。现代逻辑学研究的范围还在不断扩大,许多新的逻辑分支大量涌现,逻辑研究在观念、对象、范围、方法等方面都发生了深刻的变革。

3. 逻辑代数简史

布尔创立了逻辑代数,在逻辑代数里构思出一个关于 0 和 1 的代数系统,用基础的逻辑符号系统描述物体和概念。这种代数不仅广泛用于概率和统计等领域,更重要的是,它为数字电子技术提供了最重要的数学方法。

1938 年,克劳德·香农(C·E·Shannon)发表了著名的论文《继电器和开关电路的符号分析》,首次用逻辑代数进行开关电路分析,并证明逻辑代数的逻辑运算可以通过继电器电路来实现,明确地给出了实现加、减、乘、除等运算的电子电路的设计方法。这篇论文成为开关电路理论的开端。

香农在贝尔实验室工作中进一步证明,可以采用能实现逻辑代数运算的继电器或电子元件来制造计算机。香农的理论还为计算机具有逻辑功能奠定了基础,从而使电子计算机既能用于数值计算,又具有各种非数值应用功能,使得以后的计算机在几乎任何领域中都得到了广泛的应用。1948 年,香农又发表了《通信的数学基础》,创立了信息论。

4. 逻辑代数基本概念

逻辑代数(Logic Algebra),也称布尔代数(Boolean Algebra)或开关代数,是表示和处理事物之间各种逻辑关系的一种数学工具。

布尔创立的逻辑代数里只有 0 和 1 两种逻辑值,被称为二值逻辑。在二值逻辑中,对于任何命题 P,要么 P 为真,要么 P 为假,不存在其他情况。即不是黑的就是白的,不是白天就是晚上,不是对的就是错的,不是好的就是坏的,不是朋友就是敌人,不考虑其他情况。这种二值逻辑的优点是简单明了,缺点是不能直接描述很多复杂的现实情况。

由于二值逻辑简单明了,电路容易实现,所以发展出了开关电路,电路只要用"通"和"断"(闭合和断开)两种状态就能实现二值逻辑。早期的开关电路就是由继电器和开关等器件构成的,所以称为开关电路,也表明"开"和"关"这样一种二值逻辑。后来随着技术的发展,先是真空器件,后来是半导体器件,然后是集成电路,相关技术越来越复杂,逐渐发展为现在的数字电子技术。数字电子技术的核心思想仍然是二值逻辑,初学者要用逻辑学观点学习数字电子技术,而不是普通数学。

在逻辑代数中,只有0和1两种逻辑值,这两种逻辑值表示事物存在的两种对立状态,不代表大小。也就是说,0和1不存在谁大谁小的问题,它们存在的是是非问题,0代表"是"还是代表"非"。0如果代表"是",则1代表"非",反之亦然。为了与普通数学的大小相区别,也把0和1称为0状态(0 - state)和1状态(1 - state)。

由于逻辑代数只有两种取值情况,所以逻辑运算也特别简单,逻辑运算只有与(AND)、或(OR)、非(NOT)3种基本逻辑运算,其他复杂的运算都可以归结为这3种运算。

1.1.2　基本逻辑关系

1. 与

逻辑与:决定事件结果的全部条件都满足时,结果才发生。

比如:不管黑猫白猫,抓到老鼠的就是好猫。

好猫的定义有两个前提,一是猫(不管颜色如何),二是抓到老鼠,逻辑关系描述为好猫等于两个前提同时成立,即前提一和前提二相与。同时,不是好猫的定义也就出来了,那就是,任何不能同时满足两个前提的情况都不是好猫。注意,这里是二值逻辑,只有"好猫"和"不是好猫"两种情况。

真值表(Truth Table)是表征逻辑事件输入和输出之间全部可能状态的表格。通常以1表示真、高电平,0表示假、低电平。输入列在左边,输出列在右边。根据与逻辑的定义可以得到其真值表,如表1.1.1所列。

表 1.1.1　与逻辑真值表

A	B	Y
0	0	0
0	1	0
1	0	0
1	1	1

真值表中的字母称为变量,其取值可能为0,也可能为1,具体数值由当时情况决定。0和1称为常量,是确定的、不会变化的值,逻辑代数中只有0和1两个常量。

真值表具有查找方便的优点,但是书写不方便,不便于逻辑推导。表达式(Expression)描述具有书写方便、便于逻辑推导的优点,并且容易画出电路图。与逻辑的表达式为 $Y=A \cdot B$,读作"A 与 B"。逻辑变量一般采用单个大写字母表示,在不至于误会的情况下可以简写为 $Y=AB$。

实现与逻辑的电路器件称为与门,与门符号如图 1.1.1 所示。

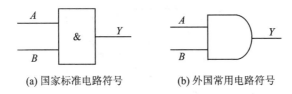

(a) 国家标准电路符号　　　　　(b) 外国常用电路符号

图 1.1.1　与门电路符号

2. 或

逻辑或:决定事件结果的全部条件至少有一个满足时,事件就发生。

比如:银行规定客户有效证件,包括身份证、护照、军官证 3 种。

客户可以携带这 3 种证件中的任何一种办理业务,则有效证件等于这 3 种证件相或。

根据或逻辑的定义,其真值表如表 1.1.2 所列。

表 1.1.2　或逻辑真值表

A	B	Y
0	0	0
0	1	1
1	0	1
1	1	1

或逻辑的表达式为 $Y=A+B$,读作"A 或 B"。

实现或逻辑的电路器件称为或门,其符号如图 1.1.2 所示。

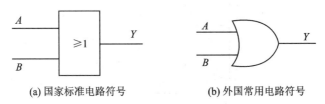

(a) 国家标准电路符号　　　　　(b) 外国常用电路符号

图 1.1.2　或门电路符号

3. 非

逻辑非:决定事件结果的条件满足时,事件不发生。

比如:饮酒不开车,开车不饮酒。

饮酒等于"非"开车,开车等于"非"饮酒。

根据逻辑非的定义可得真值表,如表 1.1.3 所列。

表 1.1.3 非逻辑真值表

A	Y
0	1
1	0

非逻辑的表达式为 $Y = \overline{A}$,读作"非 A"。

实现非逻辑的电路器件称为非门,其电路符号如图 1.1.3 所示。

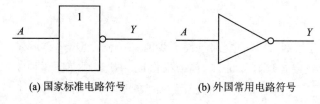

(a) 国家标准电路符号   (b) 外国常用电路符号

图 1.1.3 非门电路符号

1.1.3 复合逻辑关系

现实工作中的逻辑关系纷繁复杂,都可以由基本逻辑关系复合构成,比较常见的复合逻辑关系有与非、或非、与或非、异或等。

1. 与非

先与后非的逻辑运算称为与非,实现与非功能的电路器件称为与非门(NAND Gate)。与非逻辑的真值表如表 1.1.4 所列,注意和与逻辑真值表对比。

表 1.1.4 与非逻辑真值表

A	B	Y
0	0	1
0	1	1
1	0	1
1	1	0

与非逻辑的表达式为 $Y = \overline{A \cdot B}$。

与非门电路符号如图 1.1.4 所示。

2. 或非

先或后非的逻辑运算称为或非,实现或非功能的电路器件称为或非门(NOR

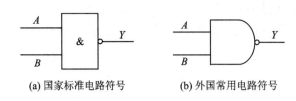

(a) 国家标准电路符号　　　　(b) 外国常用电路符号

图 1.1.4　与非门电路符号

Gate)。或非逻辑的真值表如表 1.1.5 所列,注意和或逻辑真值表对比。

表 1.1.5　或非逻辑真值表

A	B	Y
0	0	1
0	1	0
1	0	0
1	1	0

或非逻辑的表达式为 $Y=\overline{A+B}$。

或非门电路符号如图 1.1.5 所示。

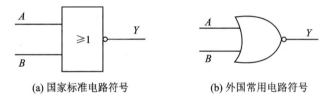

(a) 国家标准电路符号　　　　(b) 外国常用电路符号

图 1.1.5　或非门电路符号

3. 异或

异或逻辑(XOR):两个逻辑值如果相同,结果为假;两个逻辑值如果相异,结果为真。实现异或逻辑功能的电路也称为模二和电路。

异或逻辑的真值表如表 1.1.6 所列。

表 1.1.6　异或逻辑真值表

A	B	Y
0	0	0
0	1	1
1	0	1
1	1	0

异或逻辑的表达式为 $Y=A\overline{B}+\overline{A}B$,有时简写为 $Y=A\oplus B$。

实现异或逻辑的电路器件称为异或门,其电路符号如图 1.1.6 所示。

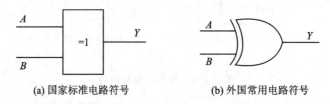

(a) 国家标准电路符号   (b) 外国常用电路符号

图 1.1.6   异或门电路符号

4. 与或非

先实现与逻辑功能,再将与的结果进行或运算,最后再将或运算结果进行非逻辑运算的电路称为与或非门(AND OR Invert Gate)。与或非逻辑的真值表如表 1.1.7 所列。

表 1.1.7   与或非逻辑真值表

A	B	C	D	Y
0	0	0	0	1
0	0	0	1	1
0	0	1	0	1
0	0	1	1	0
0	1	0	0	1
0	1	0	1	1
0	1	1	0	1
0	1	1	1	1
1	0	0	0	1
1	0	0	1	1
1	0	1	0	1
1	0	1	1	0
1	1	0	0	0
1	1	0	1	0
1	1	1	0	0
1	1	1	1	0

真值表 1.1.7 所对应的表达式为 $Y=\overline{AB+CD}$。

与或非门 74LS51 的电路符号如图 1.1.7 所示,该图表示的表达式为 $Y=\overline{ABC+DEF}$。

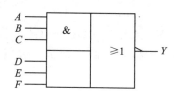

图 1.1.7　与或非门电路符号

1.1.4　不同表示方法间的转换

通常,逻辑问题可以采用真值表、卡诺图、表达式、电路图、时序图等表达方式进行描述。逻辑问题描述了一组输入和输出之间的对应关系,常称为逻辑函数。

1. 真值表转换为表达式

真值表是联系语言描述和逻辑描述的桥梁和纽带,但是不易于绘制电路图,不易于直观理解逻辑变量之间的逻辑关系。真值表描述的特点是:描述逻辑问题方便、直观,但是比较繁琐。逻辑表达式是易于绘制逻辑电路图的逻辑描述形式,其特点是便于运算、化简和画逻辑图,但是很难从语言描述直接得到逻辑表达式。

将真值表转换为表达式时,要注意真值表中的 1 对应于表达式中的原变量,0 对应于表达式中的反变量。原变量是指不带非号的变量字母,反变量是指带非号的变量字母,比如 A 为原变量,则 $\overline{A}$ 为反变量。原变量取非为反变量,反变量取非为原变量,两者之间为取非的逻辑关系。

真值表中每一行对应于表达式的一个与逻辑项,这个与逻辑项包括所有自变量,比如表 1.1.8 的第一行可以写为 $\overline{Y} = \overline{A} \cdot \overline{B} \cdot \overline{C}$,第二行可以写为 $Y = \overline{A} \cdot \overline{B} \cdot C$,如表 1.1.8 所列。

表 1.1.8　由真值表写表达式

A	B	C	Y	Y 的与逻辑项
0	0	0	0	$\overline{Y} = \overline{A} \cdot \overline{B} \cdot \overline{C}$
0	0	1	1	$Y = \overline{A} \cdot \overline{B} \cdot C$
0	1	0	0	$\overline{Y} = \overline{A} \cdot B \cdot \overline{C}$
0	1	1	1	$Y = \overline{A} \cdot B \cdot C$
1	0	0	0	$\overline{Y} = A \cdot \overline{B} \cdot \overline{C}$
1	0	1	1	$Y = A \cdot \overline{B} \cdot C$
1	1	0	1	$Y = A \cdot B \cdot \overline{C}$
1	1	1	1	$Y = A \cdot B \cdot C$

完整的 Y 逻辑函数表达式为

$$Y = \overline{A}\,\overline{B}C + \overline{A}BC + A\overline{B}C + AB\overline{C} + ABC$$

或者

$$\overline{Y} = \overline{A}\,\overline{B}\,\overline{C} + \overline{A}B\overline{C} + A\overline{B}\,\overline{C}$$

这两个表达式是等价的,写哪一个都行,两者可以通过逻辑函数公式进行互相转换。

2. 表达式转换为真值表

可以认为将表达式转换为真值表是将真值表转换为表达式的逆过程。表达式中的原变量对应于真值表中的 1,表达式中的反变量对应于真值表中的 0。表达式的一个与逻辑项对应于真值表中的一行。

比如,将逻辑函数表达式 $Y_3 = \overline{A} \cdot \overline{B} \cdot \overline{C} + \overline{A} \cdot B \cdot C + A \cdot \overline{B} \cdot \overline{C}$ 转换为真值表,因为表达式左侧的函数名称为原变量 Y_3,所以表达式右侧相应的项会导致 Y_3 为 1。表达式右侧有 3 个与项,需要分别找到这 3 个与项所对应的行。第一个与项 $\overline{A} \cdot \overline{B} \cdot \overline{C}$ 对应的行为"000",第二个与项 $\overline{A} \cdot B \cdot C$ 对应的行为"011",第三个与项 $A \cdot \overline{B} \cdot \overline{C}$ 对应的行为"100",这三行的 Y_3 都是"1",其余的 Y_3 都填"0",如表 1.1.9 所列。

表 1.1.9 将表达式转换为真值表

输 入			输 出
A	B	C	Y_3
0	0	0	1
0	0	1	0
0	1	0	0
0	1	1	1
1	0	0	1
1	0	1	0
1	1	0	0
1	1	1	0

有时逻辑函数表达式经过了化简,与逻辑项不包括所有自变量,这时也可以直接转换为真值表。比如,$Y_4 = \overline{A} \cdot \overline{B} \cdot \overline{C} + \overline{A} \cdot B + \overline{B} \cdot \overline{C}$,其中与逻辑项 $\overline{A} \cdot B$ 缺少了自变量 C,与逻辑项 $\overline{B} \cdot \overline{C}$ 缺少了自变量 A,由于这些不出现的自变量取值是 0 还是 1 对于结果没有影响,所以写表达式时可以省略不写。在表达式转换为真值表时,不管这些自变量取值为 0 还是 1,函数结果都应该填写相同的数值。与逻辑项缺少一个自变量时,对应真值表中的 2 行;缺少两个自变量时,对应真值表中的 4 行;缺少 3 个自变量时,对应真值表中的 16 行,依此类推,两者呈 2^n 关系。比如,$Y_4 = \overline{A} \cdot \overline{B} \cdot \overline{C} + \overline{A} \cdot B + \overline{B} \cdot \overline{C}$ 中与逻辑项 $\overline{A} \cdot B$ 对应于真值表中"010"和"011"两行,与逻辑项

$\overline{B} \cdot \overline{C}$ 对应于真值表中"000"和"100"两行,其中的"000"和 $\overline{A} \cdot \overline{B} \cdot \overline{C}$ 的"000"重复了,只填一次就可以了。填好的真值表如表 1.1.10 所列。

表 1.1.10　Y_4 的真值表

输　入			输　出
A	B	C	Y_4
0	0	0	1
0	0	1	0
0	1	0	1
0	1	1	1
1	0	0	1
1	0	1	0
1	1	0	0
1	1	1	0

3. 表达式转换为电路图

逻辑电路图是用逻辑符号表示的逻辑函数,由于逻辑符号对应逻辑器件(集成电路),所以逻辑电路图也简称为逻辑图或电路图,实际的数字电路完全可以根据逻辑电路图安装、调试出来。

画逻辑电路图时,输入的自变量通常画在图的左侧,输出函数画在图的右侧。表达式转换为逻辑电路图时要按照逻辑运算的优先次序,按照顺序先后从左画到右,从输入端画到输出端。比如,$Y = \overline{A} \cdot B + C$ 转换为逻辑电路图,要先在左侧画出 A 的原变量,然后通过非门得到 A 的反变量,再和 B 经过与门,最后和 C 经过或门得输出函数 Y。Y 的逻辑电路如图 1.1.8 所示。

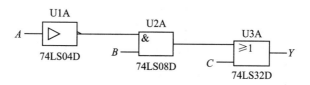

图 1.1.8　Y_4 的逻辑电路图

4. 逻辑图转换为表达式

逻辑图转换为表达式是表达式转换为逻辑图的逆过程。转换时从左侧输入变量开始,每经过一个逻辑符号写一次表达式,从输入端到输出端逐级写出表达式,用括号保证运算次序与信号流动顺序相同,直到写出输出函数的表达式。

如图 1.1.9 所示电路,写出表达式为

$$Y=\overline{\overline{AB} \cdot \overline{AC} \cdot \overline{BC}}$$

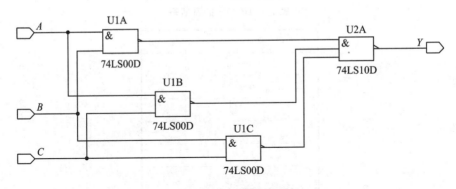

图 1.1.9　逻辑图转换为表达式

5. 时序图与真值表

时序图也常称为波形图,可以用示波器观测出来。时序图的横坐标为时间,纵坐标为幅度,如图 1.1.10 所示。时序图中各变量变化的先后顺序体现了各变量间的逻辑关系。

将时序图转换为真值表只需要将时序图按顺序查找真值表对应的结果,然后填入真值表即可,如表 1.1.11 所列。

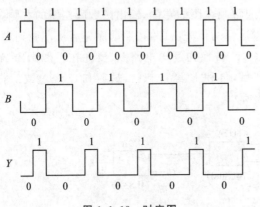

图 1.1.10　时序图

表 1.1.11　时序图转换为真值表

输　　入		输　出
A	B	Y
0	0	1
0	1	0
1	0	0
1	1	0

1.1.5　门电路

门电路的名称寓意在于:门有"开"和"关"两种状态,与二值逻辑的"0"状态和"1"状态相对应,因此,用门电路来表示能实现二值逻辑的电路。

1. 集成电路基础知识

集成电路(Integrated Circuit,简写为 IC)技术发明于 1958 年,是一种将微小半导体器件和电路导线封装在一起的技术。集成电路的出现极大地推动了电子技术的发展。这里仅介绍数字集成电路的基础知识。

以 74 系列 08 为例:其外观如图 1.1.11 和 1.1.12 所示,这种外形称为双列直插式封装(Dual In-line Package,简写为 DIP)。在图 1.1.11 中,集成电路左侧明显有一个缺口,这是集成电路的一个标记,这个标记下面是 1 脚。有些集成电路的标记是一个小圆坑,小圆坑下面是 1 脚。数字集成电路的引脚标号从有标记的 1 脚开始,逆时针递增。

图 1.1.11　集成电路外观图

图 1.1.12　集成电路外观图

对于双列直插式数字集成电路,不管有多少个引脚,下面一排最右边一个总是电源地,上面一排最左边的一个总是电源,千万不能接错电源,否则会烧坏集成电路。

集成电路上面有型号、生产商商标等信息,如图 1.1.12 所示。有些集成电路的标识比较清晰,有些就很不清楚,要对着光线仔细观察,也可以借助放大镜等工具来帮助识别。

能正确识别出集成电路的型号是一项重要的基本技能。识别出型号后,可以通过型号查找数据手册来了解集成电路的功能、参数和使用时的注意事项等。集成电路的型号比较混乱,不同厂家有自己的规定,但有一些是相同的,尤其是数字集成电路,有一些共有的规律。比如,常见数字集成电路型号就分为 74 系列和 4000 系列,这两个系列都有一个列表,在列表中一个号码对应于一个逻辑功能。同系列同号码的产品,即使是不同厂家生产的,它们在功能上也是相同的。

74 系列集成电路在上表面能找到 74 * *?? 字样,其中 * * 一般是字母,比如"LS""HC","LS"是"低功耗肖特基"的简写,"HC"是"高速 CMOS"的简写;?? 是数字,可能是 2 位,也可能是 3 位,这就是代表逻辑功能的号码。型号里的号码不需要专门背下来,需要的时候会按照号码去查找相应数据手册就可以了。

4000 系列的集成电路在上表面能找到 * *40??? 字样,* * 一般是字母,比如"CC""CD","CC"是"中国 CMOS"的简写,"CD"是"CMOS 数字"的简写,??? 也是代表逻辑功能的号码,可能两位或 3 位。

2. 电　平

电平是指电位的高低,单位与电位相同,都是伏特(V)。电平是数字电子技术中最常用到的基本概念。

在数字电子技术里用电平来表示二值逻辑,也就是用高电平和低电平表示 0 状态和 1 状态。通常,用低电平表示 0 状态,用高电平表示 1 状态,称为正逻辑;反之,称为负逻辑。

高电平到底有多高,低电平到底有多低,不同电路里的具体规定是不一样的。在常见的数字电路里,直流电源用 +5 V,则标准的高电平是 +5 V,标准的低电平是 0 V。现在很多电路采用 +3.3 V 电源,则标准的高电平是 +3.3 V,标准的低电平是 0 V。还有一些数字集成电路采用其他电源电压,一般来说,高电平等于电源电压,低电平等于 0 V;负逻辑反之。

理想的数字电路中只有标准的高电平和低电平两种电位值,用来表示两种逻辑状态,但由于带负载问题、干扰问题等,实际电路中电平的数值并不一定正好等于标准高低电平,可以有一个误差。一般来说,电源电压越高,允许的绝对误差越大,抗干扰能力也越强。

3. 电平的产生方法

数字电路也需要有信号源,信号源的电平是如何产生的呢? 根据前面的介绍,高电平等于电源电压,需要高电平的时候直接将信号输入端接到电源输出上就可以了;低电平等于 0 V,需要低电平的时候直接将信号输入端接到电源地上就可以了。

如果不想把线接来接去,则可以接在一个开关上,通过拨动开关改变电平,如图 1.1.13 所示。图 1.1.13 中的 J1 为单刀双掷开关,就是中间有一个活动端(称为刀),活动端有两个地方可以连接(称为双掷),外形如图 1.1.14 所示。

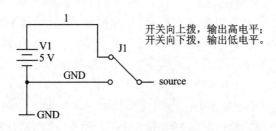

图 1.1.13　电平输出电路　　　　图 1.1.14　单刀双掷拨动开关

还有一种采用按钮的办法,如图 1.1.15 所示,图中按钮为自锁按钮,外形如图 1.1.16 所示。

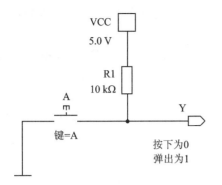

图 1.1.15　使用自锁按钮　　　　　　图 1.1.16　自锁按钮

4. 门电路使用方法

（1）TTL 器件使用注意问题

① 电源电压应严格保持在 $5(1\pm10\%)$ V 的范围内,过高易损坏器件,过低则不能正常工作,实验中一般采用稳定性好、内阻小的直流稳压电源。使用时,应特别注意电源与地线不能错接,否则会因过大电流而造成器件损坏。

② 虽然悬空相当于高电平,并不能影响与门(与非门)的逻辑功能,但悬空时易受干扰,为此,与门、与非门多余输入端最好不要悬空,可直接接到 VCC 上,或通过一个公用电阻(几千欧姆)连到 VCC 上。若前级驱动能力强,则可将多余输入端与使用的输入端相接;不用的或门、或非门输入端直接接地,与或非门不用的与门输入端至少有一个要直接接地,带有扩展端的门电路扩展端不允许直接接电源。若输入端通过电阻接地,则电阻值的大小将直接影响电路所处的状态,当 R 的值小于等于 680 Ω 时,输入端相当于逻辑"0";当 R 的值大于等于 1.4 kΩ 时,输入端相当于逻辑"1"。不同系列器件要求的阻值不同。

③ 输出端不允许直接接电源或接地,不允许将输出不同信号的输出端直接连接使用(集电极开路门和三态门除外)。

④ 应考虑电路的负载能力(即扇出系数),要留有余地,以免影响电路的正常工作。扇出系数可通过查阅器件手册或计算获得。

⑤ 在高频工作时,应通过缩短引线、屏蔽干扰源等措施,抑制电流的尖峰干扰。

⑥ 当外加输入信号边沿变化很慢时(上升沿或下降沿小于 50～100 ns/V),必须加整形电路(如比较器、施密特触发器等)进行改善。

（2）CMOS 器件使用注意事项

① 电源连接和选择:VDD 端接电源正极,VSS 端接电源负极(地),绝对不许接错,否则器件会因电流过大而损坏。CMOS 器件在不同的电源电压下工作时,其输出阻抗、工作速度和功耗等参数都有所变化,设计中须考虑。

② 输入端处理:多余输入端不能悬空。应按逻辑要求接 VDD 或接 VSS,以免受

干扰造成逻辑混乱,甚至还会损坏器件。对于工作速度要求不高,却要求增加带负载能力时,可把输入端连接在一起使用。

对于安装在印刷电路板上的 CMOS 器件,为了避免输入端悬空,在电路板的输入端应接入限流电阻 R_P 和保护电阻 R,当 VDD 为+5 V 时,R_P 取 5.1 kΩ,R 一般取 100 kΩ～1 MΩ。

③ 输出端处理:输出端不允许直接接 VDD 或 VSS,否则将导致器件损坏。除三态(TS)器件外,不允许两个不同芯片输出端并联使用;但有时为了增加驱动能力,同一芯片上的相同信号输出端可以并联。

④ 对输入信号 U_1 的要求:U_1 的高电平 U_{IH} 小于 VDD,U_{IL} 的低电平 U_{IL} 小于电路系统允许的低电压,不能小于 VSS。

⑤ 接通电源要求:必须先接通电源,再加入信号。工作结束后,应先撤除信号,再关闭电源,不可在接通电源的情况下插入或拔出组件。

⑥ 焊接和储存要求:电烙铁接地要可靠,或将电烙铁断电后,用余热快速焊接。储存时,一般用金属箔或导电泡棉将组件各脚管短路。

1.2 仿真任务_门电路逻辑功能测试

1. 发光二极管检验

采用发光二极管(LED)检验电平高低的方法具有直观、方便的优点,缺点是人眼反应较慢,不适合观察高速信号。

在需要观察电平高低的信号线上将发光二极管通过限流电阻接地,如图 1.2.1 所示。信号线上是高电平时,发光二极管亮;低电平时,发光二极管灭。

发光二极管的外形如图 1.2.2 所示,长引脚为阳极(正),短引脚为阴极(负)。

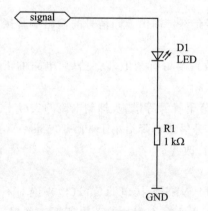

图 1.2.1 发光二极管检验电平

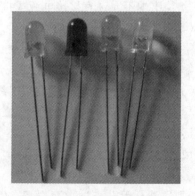

图 1.2.2 发光二极管外形

在不同的数字电路里,由于采用的电源电压不同,高电平的高低也不同,所以选择限流电阻的大小十分重要。计算方法如下：

$$R = \frac{U_{\mathrm{H}} - U_{\mathrm{LED}}}{I}$$

式中，U_{H} 为高电平电位，U_{LED} 为发光二极管导通压降，I 为发光二极管发光所需电流。不同颜色发光二极管的导通压降有所不同，一般在 $1.2\sim2.5\,\mathrm{V}$ 之间。不同大小的发光二极管所需电流也有所不同，在 $5\sim20\,\mathrm{mA}$ 之间，电流越大发光越亮，一般 $10\,\mathrm{mA}$ 左右发光就很明显了，电流过大会损坏发光二极管。

对于 $5\,\mathrm{V}$ 电压，一般小发光二极管可以选用 $1\,\mathrm{k\Omega}$ 左右的限流电阻，比 $1\,\mathrm{k\Omega}$ 小些会更亮，大些会更暗。

2. 万用表检验

万用表（Multimeter）是学习电子技术最常用的工具之一，能够很方便地测量电平高低。测量时，只要选择好直流电压挡的量程，将黑表笔接电源地，红表笔接要测量的信号线就可以在屏幕上读出电平的具体数值，如图 1.2.3 所示。

3. 示波器检验

示波器（Oscilloscope）是学习电子技术常用的仪器，可以直观地在屏幕上看到信号的波形。用示波器观察到的波形是时域波形，也就是说，波形的横坐标为时间 t，单位为秒（s）、毫秒（ms）或微秒（μs）。波形的纵坐标为电压 u，单位为伏特（V）或毫伏（mV）。

示波器检验电平的电路如图 1.2.4 所示。图 1.2.5 为示波器面板的主要结构，图 1.2.6 为示波器屏幕主要读数要素。

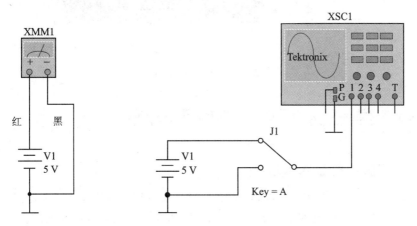

图 1.2.3　用万用表测量电平　　　　　图 1.2.4　用示波器观察电平

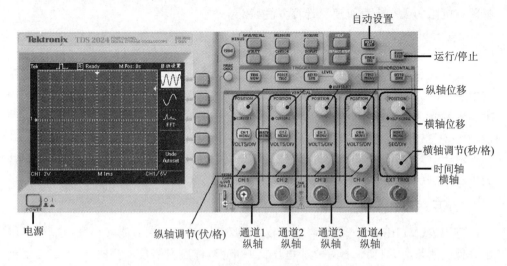

图 1.2.5 示波器面板

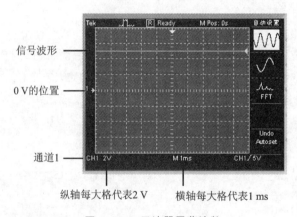

信号波形

0 V的位置

通道1

纵轴每大格代表2 V   横轴每大格代表1 ms

图 1.2.6 示波器屏幕读数

1.3 实操任务_门电路的使用与测试

1. 了解门电路基本功能

要测试和使用数字集成电路,必须了解其逻辑功能。以 74LS08 为例,查找数据手册可知,它的功能是四 2 输入与门。根据它的功能可以确定:首先,这是一个与门,能实现与的逻辑功能;然后,这个集成电路里有 4 个与门;最后,这个集成电路的每个与门都有两个输入端。

74LS08 内部结构示意图如图 1.3.1 所示。

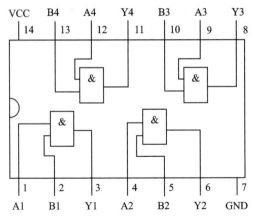

图 1.3.1　74LS08 的内部结构示意图

图 1.3.1 中的每个引脚都有一个名称,比如 A1、B1、Y1 等,这些名称中的阿拉伯数字用来区分 4 个与门,1 代表第一个与门,2 代表第二个与门,依此类推。每个与门都有输入端(IN)和输出端(OUT),其中,字母 A、B、C、D 等一般表示输入端,输出端一般用字母 F、Y、O、Q 等表示。

2. 了解门电路电气参数

不同类型的集成电路有不同的电气参数,使用时需要注意其区别。比较常用的电气参数主要包括电压传输特性曲线、输入伏安特性曲线、输出伏安特性曲线、输入负载特性曲线、扇出系数、噪声容限等。

由于 TTL 集成电路输入级有电流,所以,当输入端对地接电阻时需要注意,阻值的大小会对输入逻辑值产生影响。描述该电阻与输入端电压值的特性曲线称为输入负载特性曲线,如图 1.3.2 所示。图中横坐标为输入端对地所接电阻值,纵坐标为输入端的电压值。当输入端所接电阻很小(约 600 Ω)时,相当于输入低电平;当阻值大到一定程度(约 1.4 kΩ)时,相当于输入高电平。74LS 系列对应的电阻值大一些,等效低电平时,输入端对地电阻不应大于 4.2 kΩ;等效高电平时,输入端对地电阻应大于 6.3 kΩ,最好能大于 15.4 kΩ。

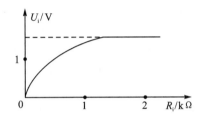

图 1.3.2　TTL 输入负载特性曲线

1.4 拓 展

1.4.1 知识拓展

1. 三态门

三态门是一种重要的接口电路,在计算机和各种数字系统中应用极为广泛。它具有 3 种输出状态,除了输出端为高电平和低电平这两种状态外,还有第三种状态,通常称为高阻状态或称为开路状态。门电路输出高电平时,输出端与电源之间的电阻值很小(低电阻),称为低阻态;输出低电平时,输出端与地之间的电阻值很小(低电阻),也为低阻态。高阻状态是指此时输出端与电源、地都呈现非常大的电阻值,此时输出端的电流极为微小,常忽略不计。

改变三态门的控制端(或称选通端)电平就可以改变电路的工作状态。三态门可以同 OC 门一样把若干个门的输出端并接到同一公用总线上,分时传送数据,成为 TTL 系统和总线的接口电路。

三态门的符号如图 1.4.1 所示,真值表如表 1.4.1 所列。常用三态门有74LS125、74LS126、74LS365、74LS366、74LS367 和 74LS368 等型号。另外,还有一些别的集成电路也具有三态输出功能,如一些编码器(如 74LS348)、数据选择器(如74LS251)、触发器(如 74LS374)等。

表 1.4.1 三态门真值表

使 能	输 入	输 出
E	A	Y
0	0	0
0	1	1
1	$\times$	Z

Z 为高阻态

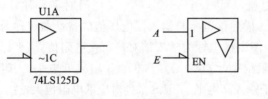

图 1.4.1 三态门符号

2. 传输门和模拟开关

传输门(TG)是能够传输信号的电路,符号如图 1.4.2 所示。缓冲器是比较常见的传输门,常见型号有 74HC4050(六缓冲器)、CD4050(六缓冲器)等。CD4050 用于传输数字信号,没有控制端,信号只能从输入端到输出端单向传输。

模拟开关(SW)也能够传输信号,可以通过控制端控制输入/输出两端是否导通,符号如图 1.4.3 所示。

典型模拟开关有 CC4066(CMOS 四双向开关)、CC4016、74HC4066 等型号。CC4066 的输入、输出信号能够双向传输,也就是说信号输入、输出端子能够互换,其

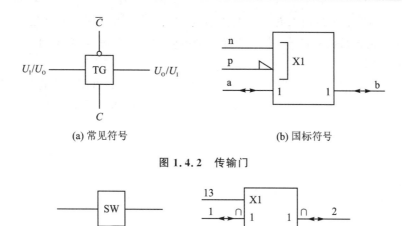

(a) 常见符号　　　　　　　　(b) 国标符号

图 1.4.2　传输门

(a) 常见符号　　　　　　　　(b) 国标符号

图 1.4.3　模拟开关

主要参数有：

> ➤ 电源电压(VDD)范围：$-0.5 \sim +20$ V；
> ➤ 输入电压范围：$-0.5 \sim$ VDD$+0.5$ V；
> ➤ 典型传输电阻：125 Ω(VDD 为 15 V 时)；
> ➤ 传输信号范围：可以对 15 V 数字量或正负 7.5 V 模拟量进行传输。

74HC4066 的典型传输电阻为 30 Ω(VDD 为 6 V 时)。

还有一些具有选择器功能的集成模拟开关也能传输模拟信号，如三 2 选 1 模拟开关 CC4053、双 4 选 1 模拟开关 CC4052 等。

3. OC 门与 OD 门

为了提高带负载能力、灵活匹配不同电源电压的负载，集成电路输出级取消推拉式结构，去掉上拉器件，形成了 OC(集电极开路)或 OD(漏极开路)结构。采用 OC 结构的 TTL 门电路称为 OC 门，采用 OD 结构的 CMOS 门电路称为 OD 门。OC 结构的 TTL 与非门内部结构示意图如图 1.4.4 所示。

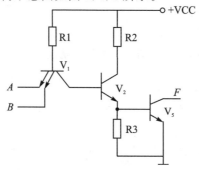

图 1.4.4　OC 与非门内部结构示意图

由于 OC 门和 OD 门没有内部上拉器件,所以不能输出高电平电流。要想在电路输出端得到正常的高电平,必须外接一个电阻 RL 与电源 VCC 相连,该电阻称为上拉电阻,如图 1.4.5 所示。

OC 门和 OD 门可以实现线与功能,将几个 OC 门的输出端直接连在一起,通过一个上拉电阻接到电源 VCC 上,输出端即实现了与逻辑功能。OD 门与 OC 门相同,如图 1.4.6 所示。

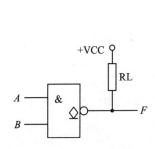

图 1.4.5　OC 门和 OD 门的使用

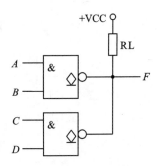

图 1.4.6　线与功能

在图 1.4.6 中, $F = \overline{AB} \cdot \overline{CD} = \overline{AB + CD}$ 。

除 OC 门、OD 门、传输门和三态门外,普通门电路不能将不同信号的输出端直接相接,否则会造成逻辑混乱,容易损坏集成电路。

此外,OC 门和 OD 门还可以用来实现电平移位功能,只要改变上拉电阻所接电源的电压,就可以得到想要的高电平电压。

使用 OC 门和 OD 门时,必须注意根据负载电流合理选择上拉电阻,才能实现正确的逻辑关系。

1.4.2　任务拓展

1. 项目要求

➢ 利用与非门实现非门。

➢ 利用或非门实现非门。

➢ 利用异或门实现非门。

➢ 利用与或非门实现非门、与非门、或非门功能。

2. 项目分析

① 合理设置与非门输入端信号连接方式,就可以实现非门功能,如图 1.4.7 所示。

② 合理设置或非门输入端信号连接方式,就可以实现非门功能,如图 1.4.8 所示。

图 1.4.7 与非门实现非门功能　　　图 1.4.8 或非门实现非门功能

③ 合理设置异或门输入端信号连接方式,就可以实现非门功能,如图 1.4.9 所示。

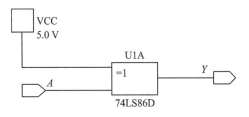

图 1.4.9 异或门实现非门功能

在图 1.4.9 中,

$$Y = A \cdot \overline{1} + \overline{A} \cdot 1$$
$$= A \cdot 0 + \overline{A} \cdot 1$$
$$= 0 + \overline{A}$$
$$= \overline{A}$$

④ 合理设置与或门输入端信号连接方式,就可以实现非门、与非、或非等功能,如图 1.4.10、图 1.4.11 和图 1.4.12 所示。

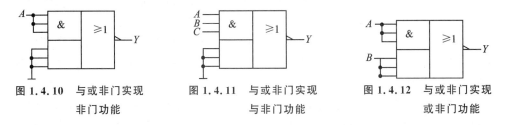

图 1.4.10 与或非门实现　　图 1.4.11 与或非门实现　　图 1.4.12 与或非门实现
　　　　非门功能　　　　　　　与非门功能　　　　　　或非门功能

1.5　本章小结

知识小结

本章主要介绍了逻辑学和逻辑代数的基本知识、在电路中逻辑值的表示方法、逻辑门电路的描述方法等知识。

学习数字电子技术关键要有逻辑学思想,要用逻辑的观点看待电路功能,所以学习逻辑学的基础知识非常重要。

逻辑值只有真假之分,没有大小之分,在电路中用电平的高低代表逻辑值的真和假,称为 1 状态和 0 状态。通常采用正逻辑,即用高电平代表 1、用低电平代表 0。

逻辑门电路是能够具体实现逻辑功能的电路,现今多为集成电路。复杂的逻辑功能都能归结为与、或、非这 3 种基本逻辑功能,能实现这 3 种基本逻辑功能的门电路称为基本逻辑门。数字电子技术中经常用到一些由与、或、非简单组合而成的逻辑功能,实现这些逻辑功能的集成电路也都称为门电路。

逻辑门电路最常见的描述方法有语言描述、真值表描述、表达式描述、电路符号描述等,读者要熟练掌握这些逻辑描述方法。

技能小结

本章在技能方面主要涉及了集成电路型号识别、引脚排列识别、集成门电路的名称与功能对照识别、集成电路安装、按照原理图和引脚图连线、集成电路逻辑功能测试、简单电路图绘制、万用表的使用和示波器的使用等。

集成电路使用时要特别注意电源问题,电源出问题很容易损坏集成电路,常见问题包括以下几点:

① 要注意不要将电源接反,这就要求能够正确识别电源引脚,安装和连线时特别细心。

② 电源电压要实现调节好,一般使用+5 V 直流电压源;如果使用不带电压显示的电源设备,要事先用万用表测量,误差不要超过±0.25 V。

③ 先连线,后接通电源。如果有集成电路插座,则要先断电再插拔集成电路,不要带电插拔集成块。

④ 如果要使用 74HC 系列或 4000 系列的集成电路,则电源电压的规定须参考数据手册相关内容。

⑤ 高速处理信号时,要注意去除电源耦合,一般是在集成电路的电源脚和地脚之间直接连接一个小的滤波电容;电容的大小与信号频率高低有关,一般为纳法(nF)级或更小的电容。

焊接集成电路时要注意,焊接时间不要过长,不要连续焊接相邻引脚,以免温度过高损坏集成电路。如果可能,尽量使用集成电路插座,先焊接插座,再将集成电路插上,这样不易损坏集成电路,调试时也便于更换。

1.6 思考与提高

1.1 阅读一本逻辑学科普读物,写出读后感。

1.2 推理和论证是普通逻辑学的主要内容,推理主要分为演绎推理和归纳推理。著名的侦探推理小说《福尔摩斯探案全集》中大量提到演绎推理,可阅读其中一篇小说,指出其中的演绎推理。

1.3 制作电子课件,在课堂上给同学讲解一个逻辑学小案例。

1.4 集成电路生产厂家都会提供集成电路数据手册,一般以 .pdf 格式放到互联网上,请从互联网查找并阅读 74LS00 的数据手册,从中了解逻辑功能、引脚排列、电气参数等信息。

1.5 试用 74LS11(三 3 输入与门)实现 $Y = A \cdot B$。

1.6 74LS260 为双 5 输入或非门,可查找并阅读 74LS260 的数据手册,并用 74LS260 实现 $Y = \overline{A+B+C}$。

1.7 查阅集成电路引脚图的时候,有的引脚标注为 NC,请问 NC 是什么意思?

1.8 与或非门 CC4086 是一种可以实现扩展的集成电路,试查找其数据手册、写出其逻辑表达式和电路符号。

1.9 逻辑思维训练:

医生告诫病人:"吸烟有百害而无一利,特别是像你这样的患者,应该立即戒烟。"以下哪项未能给医生的观点提供进一步的论证?(　　　)

A. 吸烟者认为戒烟后可能引起其他疾病。

B. 烟草中的尼古丁不仅危害人体健康,还可能引起精神紊乱。

C. 吸烟可能诱发心血管病。

D. 吸烟不仅损害心脏和肺,而且对皮肤也有危害。

E. 吸烟者吐出的烟雾会妨碍他人的健康。

1.10 逻辑思维训练:

《伊索寓言》中有这样一段文字:有一只狗习惯于吃鸡蛋。久而久之,它认为"一切鸡蛋都是圆的"。有一次,它看见一个圆圆的海螺,以为是鸡蛋,于是张开大嘴,一口就把海螺吞下肚去,结果肚子疼得直打滚。

狗误吃海螺是依据下述哪项判断?(　　　)

A. 所有圆的都是鸡蛋。　　　　　　B. 有些圆的是鸡蛋。

C. 有些鸡蛋是圆的。　　　　　　　D. 所有的鸡蛋都是圆的。

E. 有些圆的不是鸡蛋。

1.7　本章习题

一、单选题

1. TTL 结构的门电路电源电压为(　　　)

(A) +5 V　　　　(B) +9 V　　　　(C) +3～18 V　　　　(D) +1 V

2. 能直接实现 $Y = \overline{AB} + \overline{A}B$ 功能的门电路是(　　　)

(A) 非门　　　　(B) 或非门　　　　(C) 异或门　　　　(D) 与非门

3. 已知某二变量输入逻辑门的输入 A、B 及输出 Y 的波形如图 1.7.1 所示,试判断为何种逻辑门的功能(　　　)

（A）与非门　　　（B）或非门　　　（C）与门　　　　（D）异或门

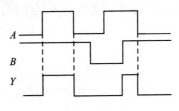

图 1.7.1

4. 示波器可以直接检测(　　)

（A）信号波形　　（B）电阻大小　　（C）信号频谱　　　（D）是否短路

5. 万用表不能检测(　　)

（A）电阻　　　（B）电压　　　（C）电流　　　　（D）信号波形

二、填空题

1. 最基本逻辑门电路就是与门、_____门和非门电路。

2. TTL 与非门的多余输入端应接 _____电平。

3. 函数 $Y=1\oplus1\oplus1\oplus1\oplus1 =$ _____。

4. TTL 门的输入端悬空时相当于输入逻辑_____。

5. CMOS 门的多余输入端_____悬空。

三、判断题

1. 在图 1.7.2 中，CD 应该等于 1。

2. 已知 $AB+C=AB+D$，则可得 $C=D$。

3. 逻辑代数中 1 不大于 0，0 也不小于 1。

4. 在逻辑代数中：$1+1=1$。

5. CMOS 门电路最怕电磁干扰,应该把用不到的输入端妥善处理。

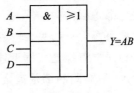

图 1.7.2

四、写出图 1.7.3 中 Y 的表达式。

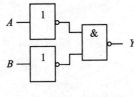

图 1.7.3

五、用真值表表示逻辑函数 $Y=AB+AC+BC$。

第 **2** 章

组合逻辑电路

专业知识

➢ 熟练掌握将实际问题抽象为逻辑问题的基本方法；

➢ 掌握逻辑代数的基本公式和定律；

➢ 掌握逻辑函数的化简；

➢ 熟练掌握组合逻辑电路的设计方法；

➢ 理解编码器和译码器的逻辑功能；

➢ 会利用译码器实现逻辑函数。

专业技能

➢ 能够按照真值表检测集成电路好坏；

➢ 会使用集成电路测试仪；

➢ 能按照电路图安装较复杂的组合逻辑电路；

➢ 会检查组合逻辑电路的故障并排除故障；

➢ 能完成分析、设计、安装、调试等整个工程项目流程。

素质提高

➢ 通过学习组合逻辑电路提高逻辑推理能力；

➢ 通过学习设计电路提高科学素质；

➢ 通过安装、调试电路培养严谨、认真的科学态度；

➢ 通过小组合作,提高交流能力和合作意识；

➢ 通过项目方案对比提高成本意识、工程意识。

思政元素

➢ 通过多数表决电路融入核心价值观中的民主观念；

➢ 通过仿真和实操融入工匠精神。

2.1 知识储备

2.1.1 数的进制与代码

1. 数的进制

人们常用的计数进制是十进制。十进制数由 0、1、2、…、9 这 10 个基本字符组成,计数运算按"逢十进一"的规则进行。在计算机中,除了十进制数外,经常使用的数制还有二进制数和十六进制数,运算中它们分别遵循的是逢二进一和逢十六进一的法则。

(1) 二进制

二进制数由两个基本字符 0、1 组成,二进制数运算规律是逢二进一。为区别于其他进制数,二进制数的书写通常在数的右下方注上基数 2,或在后面加 B 表示。例如,二进制数 10110011 可以写成 $(10110011)_2$,或写成 10110011B,十进制数可以不加注。

计算机中的数据均用二进制数表示,这是因为二进制数中只有两个字符 0 和 1,用电路实现比较容易,可以用具有两个不同稳定状态的元器件表示。例如,电路中有无电流,有电流用 1 表示,无电流用 0 表示,类似的还有电路中电压的高低、晶体管的导通和截止等。另外,二进制数只有两个数码,正好与逻辑代数中的"真"和"假"相吻合。还有,二进制数运算简单,能够大大简化计算中运算部件的结构。

二进制数的加法和乘法运算如下:

$0+0=0$

$0+1=1+0=1$

$1+1=10$

$0 \times 0=0$

$0 \times 1=1 \times 0=0$

$1 \times 1=1$

十进制整数转换为二进制数的方法是"除 2 取余",小数转换方法是"乘 2 取整"。例如,将十进制 25 转换为二进制数:

$$
\begin{array}{r}
2\underline{|25} \cdots 1 \\
2\underline{|12} \cdots 0 \\
2\underline{|6} \cdots 0 \\
2\underline{|3} \cdots 1 \\
1 \cdots 1
\end{array}
$$

注意从下向上读取余数,$(25)_{10}=(11001)_2$。

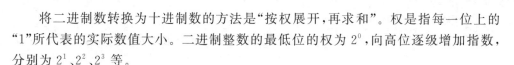

将二进制数转换为十进制数的方法是"按权展开,再求和"。权是指每一位上的"1"所代表的实际数值大小。二进制整数的最低位的权为 2^0,向高位逐级增加指数,分别为 2^1、2^2、2^3 等。

例如,把 $(1001)_2$ 转换为十进制数:

$$(1001)_2 = 1 \times 2^3 + 0 \times 2^2 + 0 \times 2^1 + 1 \times 2^0$$
$$= 8 + 0 + 0 + 1$$
$$= 9$$
$$(1001)_2 = (9)_{10}$$

(2) 十六进制

由于二进制数在使用中位数太长,不容易记忆,所以又提出了十六进制数。十六进制数由 0、1、2、3、4、5、6、7、8、9、A、B、C、D、E、F 这 16 个基本字符组成,运算按"逢十六进一"的规则进行。

十进制整数转换为十六进制数的方法是"除 16 取余",小数转换方法是"乘 16 取整",与转换为二进制数的方法类似。

例如,将十进制 25 转换为二进制数:

```
16|125…13  ↑
     7…7
```

从下向上读取余数,并将十进制的 13 转换为十六进制的 D,可知:$(125)_{10} = (7D)_{16}$。

将十六进制数转换为十进制数的方法是"按权展开,再求和"。十六进制整数的最低位的权为 16^0,向高位逐级增加指数,分别为 16^1、16^2、16^3 等。

例如,把 $(38A)_{16}$ 转换为十进制数:

$$(38A)_{16} = 3 \times 16^2 + 8 \times 16^1 + 10 \times 16^0$$
$$= 768 + 128 + 10$$
$$= 906$$
$$(38A)_{16} = (906)_{10}$$

(3) 二进制与十六进制之间的转换

二进制数与十六进制数之间的转换非常方便,这是因为 4 位二进制数恰好有 16 个组合状态(即 1 位十六进制数与 4 位二进制数是一一对应的)。

十六进制数转换成二进制数时,只要将每一位十六进制数用对应的 4 位二进制数替代即可。例如,将 $(4AF8B)_{16}$ 转换为二进制数:

$$(4AF8B)_{16} = (0100\ 1010\ 1111\ 1000\ 1011)_2$$

去掉最高位的 0,即 $(4AF8B)_{16} = (1001010111110001011)_2$

二进制数转换为十六进制数时,将二进制数从最低位向左,每 4 位一组,依次写出每组 4 位二进制数所对应的十六进制数。例如,将二进制数 $(111010110)_2$ 转换为十六进制数:

$(0001\ 1101\ 0110)_2 = (1\ D\ 6)_{16}$

所以$(111010110)_2 = (1D6)_{16}$,当二进制数最高位一组不足 4 位时,必须加 0 补齐 4 位。

2. 代 码

代码(Code)定义:一组由字符、符号或信号码元以离散形式表示信息的明确的规则体系。代码的应用广泛,例如:姓名为文字代码,用文字代表某个人;身份证号码为数字代码,用一串数字表示某个人;邮政编码为数字代码,用 6 位十进制数字表示一个邮政地区;拼音缩写,可以认为是字母代码。

仅用二进制字符 0 和 1 表示特定信息的代码称为二进制代码,常见的有普通二进制代码、BCD 码、余三码和格雷码等。其中,普通二进制代码是用二进制数表示对应十进制数,如$(1100)_2 = (12)_{10}$。BCD 码是将 4 位二进制数编为一组,表示一位十进制数,相邻两组之间采用十进制的关系。根据组中二进制位的权,BCD 码分为 8421 码、2421 码和 5421 码等,如$(0010\ 0000)_{8421BCD} = (20)_{10}$。表 2.1.1 为常见二进制代码与十进制数的对照表。

表 2.1.1 常用二进制代码与十进制数的对照表

十进制数	8421 码	余 3 码	格雷码	2421 码	5421 码
0	0000	0011	0000	0000	0000
1	0001	0100	0001	0001	0001
2	0010	0101	0011	0010	0010
3	0011	0110	0010	0011	0011
4	0100	0111	0110	0100	0100
5	0101	1000	0111	1011	1000
6	0110	1001	0101	1100	1001
7	0111	1010	0100	1101	1010
8	1000	1011	1100	1110	1011
9	1001	1100	1101	1111	1100

2.1.2 逻辑函数化简

逻辑函数化简方法有公式法、卡诺图法和计算机辅助法等。公式法化简是利用逻辑代数公式进行逻辑表达式化简。注意,逻辑代数中只有与、或、非这 3 种基本运算,没有减法或除法这样的运算。

1. 变量与常量间的公式

$A+0=A$

$A+1=1$

$A \cdot 0=0$

$A \cdot 1 = A$

2. 变量的简单公式

$A + A = A$

$A + \overline{A} = 1$

$A \cdot A = A$

$A \cdot \overline{A} = 0$

$\overline{\overline{A}} = A$

3. 常用公式

(1) $A + AB = A$

证明：

$$\begin{aligned} A + AB &= A(1 + B) \\ &= A \cdot 1 \\ &= A \end{aligned}$$

(2) $A + BC = (A + B) \cdot (A + C)$

证明：

$$\begin{aligned} (A + B) \cdot (A + C) &= AA + AC + AB + BC \\ &= A + AC + AB + BC \\ &= A(1 + B + C) + BC \\ &= A + BC \end{aligned}$$

(3) $A + \overline{A}B = A + B$

证明：

$$\begin{aligned} A + \overline{A}B &= (A + \overline{A}) \cdot (A + B) \\ &= 1 \cdot (A + B) \\ &= A + B \end{aligned}$$

(4) $AB + \overline{A}C + BC = AB + \overline{A}C$

证明：

$$\begin{aligned} AB + \overline{A}C + BC &= AB + \overline{A}C + (A + \overline{A})BC \\ &= AB + ABC + \overline{A}C + \overline{A}BC \\ &= AB(1 + C) + \overline{A}C(1 + B) \\ &= AB + \overline{A}C \end{aligned}$$

4. 摩根定理(反演律)

$\overline{A + B} = \overline{A} \cdot \overline{B}$

$$\overline{A \cdot B} = \overline{A} + \overline{B}$$

摩根定理可以用真值表证明,此处略。

2.1.3 无关项问题

在分析某些具体的逻辑函数时,常遇到输入变量的取值组合不是任意值的情况。对输入变量的取值所施加的限制为约束。这些受约束的变量取值组合所对应的最小项叫约束项。

有时也会遇到在某些输入变量取值下不影响输出函数的情况。例如,对于 8421 编码只出现 0000~1001,而 1010~1111 这 6 种取值与 8421 码无关。通常,把与输出逻辑函数无关的最小项称作任意项。

任意项在输入时不会影响电路的可靠工作,约束项由外界保证不会输入至电路输入端,也不会影响电路的可靠工作。在不严格区分时,约束项和任意项统称为无关项。

比如水塔供水的例子,用语言描述为:有一个水塔,水塔配备两台水泵,一台功率大,一台功率小。水塔需要保持一定的水量,为此,水塔中垂直安装了 3 个传感器来测量水量的多少,没有水时,两台水泵同时工作;水量较少时,大功率水泵单独工作;水量较多时,小功率水泵单独工作水满时,两台水泵都不工作。

假如用 A 代表水塔中位置最高的传感器,B、C 分别代表位置更低的两个传感器,用 Y1 代表大功率水泵,用 Y0 代表小功率水泵。

用 1 代表传感器的位置有水,用 0 表示传感器的位置没有水;用 1 代表水泵工作,0 代表水泵不工作。

实际情况不会出现位置较高的传感器 B 处有水,而位置较低的传感器 C 处无水的情况。根据实际情况可以列出真值表(表 2.1.2)。表中的 × 表示这种情况不会出现,称为无关项。

表 2.1.2 有无关项的真值表

输 入			输 出	
A	B	C	Y1	Y0
0	0	0	1	1
0	0	1	1	0
0	1	0	×	×
0	1	1	0	1
1	0	0	×	×
1	0	1	×	×
1	1	0	×	×
1	1	1	0	0

完整的函数表达式应该包括输出函数和约束条件两个组成部分,输出函数部分为所有令输出变量等于 1 的与逻辑项之和,或者所有令输出变量等于 0 的与逻辑项之和。前者记作 $Y1 = \overline{A} \cdot \overline{B} \cdot \overline{C} + \overline{A} \cdot \overline{B} \cdot C$(或者 $Y1(A,B,C) = \sum m(0,1)$),后者记作 $\overline{Y1} = \overline{A} \cdot B \cdot C + A \cdot B \cdot C$

约束条件部分为所有无关项,无关项表示该项是 0 还是 1 无所谓。若把无关项全当作 0,则 Y1 的无关项可以记作

$$\overline{A} \cdot B \cdot \overline{C} + A \cdot \overline{B} \cdot \overline{C} + A \cdot \overline{B} \cdot C + A \cdot B \cdot \overline{C} = 0 \text{ 或者 } \sum d(2,4,5,6)$$

若把无关项全当作 1,则 Y1 的无关项可以记作

$$(\overline{A} \cdot B \cdot \overline{C}) \cdot (A \cdot \overline{B} \cdot \overline{C}) \cdot (A \cdot \overline{B} \cdot C) \cdot (A \cdot B \cdot \overline{C}) = 1$$

完整的 Y1 逻辑函数关系式可以用下面 3 种表示方法中的任何一种

$$\begin{cases} Y1 = \overline{A} \cdot \overline{B} \cdot \overline{C} + \overline{A} \cdot \overline{B} \cdot C \\ \overline{A} \cdot B \cdot \overline{C} + A \cdot \overline{B} \cdot \overline{C} + A \cdot \overline{B} \cdot C + A \cdot B \cdot \overline{C} = 0 \end{cases}$$

或者

$$\begin{cases} Y1 = \overline{A} \cdot \overline{B} \cdot \overline{C} + \overline{A} \cdot \overline{B} \cdot C \\ (\overline{A} \cdot B \cdot \overline{C}) \cdot (A \cdot \overline{B} \cdot \overline{C}) \cdot (A \cdot \overline{B} \cdot C) \cdot (A \cdot B \cdot \overline{C}) = 1 \end{cases}$$

或者

$$Y1(A,B,C) = \sum m(0,1) + \sum d(2,4,5,6)$$

化简时可以将无关项当成 0,也可以将无关项当成 1,怎样能够让表达式更简单就怎样化简。

如表 2.1.3 所列真值表,若将无关项当成 0,则表达式为 $Y = \overline{A} \cdot \overline{B}$;若将无关项当成 1,则表达式为

$$Y = \overline{A} \cdot \overline{B} + \overline{A} \cdot B$$
$$= \overline{A}(\overline{B} + B)$$
$$= \overline{A} \cdot 1$$
$$= \overline{A}$$

表 2.1.3　具有无关项的逻辑函数

A	B	Y
0	0	1
0	1	×
1	0	0
1	1	0

2.1.4　编码器

能够实现编码功能的逻辑电路称为编码器。编码器应用广泛,凡是有键盘的地

方都离不开编码器,比如电视机遥控器、手机、工控机、计算机等,这些设备内部使用二进制代码,操作人员使用设备时通过按键给出操作意图,编码器将二进制代码与按键一一对应起来,实现对按键的编码,设备内部程序通过对应代码了解和执行人的操作意图。

编码器的输入端连接按键,所以有多少个需要编码的按键,就需要有多少个输入端。而编码器的输出是二进制代码,按照普通二进制代码来说,n 位代码能够表示 2^n 个按键。所以,编码器的输出端数量一般比输入端数量少,假设输入端个数为 n,输出端个数为 m,则 $n \leq 2^m$。

优先编码器将输入信号分出优先级别,同时有多个信号输入时,优先对级别高的信号进行编码。当多个按键同时按下时,则对优先级别高的按键进行编码,不响应优先级别低的按键。

常用集成优先编码器有集成电路 74LS147 和 74LS148 等。

表 2.1.4 为 74LS148 的真值表,图 2.1.1 为 74LS148 的符号。根据真值表可知,74LS148 除 8 个数据输入端外,还有一个使能端(也叫选通端、片选端或控制端)EI,当 EI 为低电平时,编码器才能正常编码,否则输出全为高电平。输入也是低电平有效,7 的优先级别最高,0 的优先级别最低。输出为反码。除编码输出端外,还有两个扩展输出端,用来区别 0 的代码、无有效输入和未被选通这 3 种情况。

表 2.1.4　74LS148 真值表

输　入									输　出				
EI	0	1	2	3	4	5	6	7	A2	A1	A0	GS	EO
1	×	×	×	×	×	×	×	×	1	1	1	1	1
0	1	1	1	1	1	1	1	1	1	1	1	1	0
0	×	×	×	×	×	×	×	0	0	0	0	0	1
0	×	×	×	×	×	×	0	1	0	0	1	0	1
0	×	×	×	×	×	0	1	1	0	1	0	0	1
0	×	×	×	×	0	1	1	1	0	1	1	0	1
0	×	×	×	0	1	1	1	1	1	0	0	0	1
0	×	×	0	1	1	1	1	1	1	0	1	0	1
0	×	0	1	1	1	1	1	1	1	1	0	0	1
0	0	1	1	1	1	1	1	1	1	1	1	0	1

2.1.5　译码器

1. 译码器简介

将输入代码恢复成特定信息的过程称为译码。译码是编码的逆过程,译码器是能够实现译码功能的电路。译码器的输出端一般比输入端数量多,假设输入端个数为 n,输出端个数为 m,则 $m \leqslant 2^n$。通常,用输入输出端的数量称呼普通二进制译码器。例如,3 线-8 线译码器表示 3 位的普通二进制译码器,4 线-16 线译码器表示 4 位的普通二进制译码器,特别地,4 线-10 线译码器是指 4 位的 8421BCD 译码器。

一个 n 变量的二进制译码器的输出包含了 n 个变量的所有最小项(共 2^n 个)。例如,74LS138 是 3 线/8 线译码器,它的 8 个输出包含了 3 个变量的所有最小项,其真值表如表 2.1.5 所列。图 2.1.2 为译码器 74LS138 的符号。

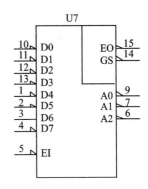

图 2.1.1　74LS148 符号

表 2.1.5　译码器 74LS138 真值表

输　入					输　出							
使能		选择										
G1	G2A+G2B	C	B	A	Y0	Y1	Y2	Y3	Y4	Y5	Y6	Y7
$\times$	1	$\times$	$\times$	$\times$	1	1	1	1	1	1	1	1
0	$\times$	$\times$	$\times$	$\times$	1	1	1	1	1	1	1	1
1	0	0	0	0	0	1	1	1	1	1	1	1
1	0	0	0	1	1	0	1	1	1	1	1	1
1	0	0	1	0	1	1	0	1	1	1	1	1
1	0	0	1	1	1	1	1	0	1	1	1	1
1	0	1	0	0	1	1	1	1	0	1	1	1
1	0	1	0	1	1	1	1	1	1	0	1	1
1	0	1	1	0	1	1	1	1	1	1	0	1
1	0	1	1	1	1	1	1	1	1	1	1	0

由真值表可知,当 G1=1 且 G2A+G2B=0 时,允许译码器工作,否则就禁止译码。

在允许译码的条件下,可得 74LS138 表达式

$$\overline{Y0} = \overline{C}\,\overline{B}\,\overline{A} = m0$$
$$\overline{Y1} = \overline{C}\,\overline{B}A = m1$$
$$\overline{Y2} = \overline{C}B\overline{A} = m2$$
$$\overline{Y3} = \overline{C}BA = m3$$
$$\overline{Y4} = C\overline{B}\,\overline{A} = m4$$

$$\overline{Y5}=C\overline{B}A=m5$$

$$\overline{Y6}=CB\overline{A}=m6$$

$$\overline{Y7}=CBA=m7$$

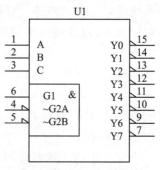

图 2.1.2　74LS138 符号

观察上述表达式可见,其中囊括了关于 C、B、A 这 3 个自变量的所有最小项。也就是说,拥有了一个译码器就相当于拥有了一个真值表,故用译码器可实现函数变量的个数小于等于译码器地址线个数的逻辑函数。也就是说,用 2 线-4 线译码器可以实现 2 变量(含少于 2 变量)的逻辑函数,用 3 线-8 线译码器可以实现 3 变量(含少于 3 变量)的逻辑函数,用 4 线-16 线译码器可以实现 4 变量(含少于 4 变量)的逻辑函数,依此类推。

2. 七段码显示器

为便于操作人员读取数据,在数字测量仪器仪表或其他数字设备中,常常将测量结果或运算结果用数字、文字或符号显示出来。因此,显示译码器和显示器是数字设备不可或缺的组成部分。

目前,显示器的显示方法主要有字段式和点阵式两种。字段式通过预先设置好的横、竖、斜线或点来组成字母或数字,有时也可以将简单符号做成一个字段直接显示。字段式显示器通常用来显示字母或数字,结构简单,很难显示复杂图形;常见的有七段码显示器和米字形显示器等,用于计算器、电子手表、交通路口倒计时器、数字万用表等仪器仪表的显示部分。

点阵式显示器由密集的圆点显示器件组成,通过大量小圆点组合,能够显示汉字、复杂符号和图形;通常控制比较复杂,一般由单片机、数字信号处理器(DSP)或计算机进行显示控制,常用于高级数字仪表显示、手机、计算机、电视机等。

目前,显示器按照材料主要分为发光二极管显示器和液晶显示器两大类,这两类均有字段式和点阵式两种显示器。其中,发光二极管(LED)显示器能够直接发光,可观测距离远,颜色绚丽、醒目,在功耗、可视角度和刷新速率等方面都有优势。液晶(LCD)显示器不能直接发光,需要有背光源照明,能量主要消耗在背光源上,其在轻、薄、柔性方面具有优势。

图 2.1.3 为发光二极管七段码显示器,也称为七段数码管。一般七段数码管都带有小数点,用字母 DP 表示。七段数码管分为共阴极和共阳极两类,如图 2.1.4 所示。

集成电路驱动共阴极数码管时,须给数码管输出电流使其发光,流出集成电路的电流称为拉电流,输出高电平时,对应字段发光。集成电路驱动共阳极数码管时,须输出低电平,才能使对应字段发光;外电路的高电平输出电流经数码管流入集成电路,流入集成电路的电流称为灌电流。某些集成电路灌电流和拉电流的驱动能力不

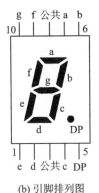

(a) 外形　　　　　　　(b) 引脚排列图

图 2.1.3　LED 七段数码管

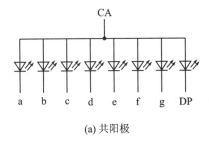
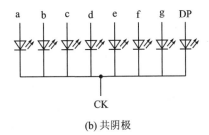

(a) 共阳极　　　　　　　　　　　(b) 共阴极

图 2.1.4　LED 七段数码管结构示意图

同,一般灌电流大于拉电流,这类集成电路适合驱动共阳极数码管,使用时须注意查看数据手册。

LED 数码管使用时的注意事项与一般发光二极管相同,都要加合适的限流电阻。

3. 七段码显示译码器

8421BCD 码译码为七段输出,驱动七段码显示器的电路称为七段码显示译码器。由于七段码显示译码器使用量巨大,所以早已有相应集成电路,如 CC4511、74LS48、74LS49、74LS247、74LS248 和 74LS249 等多种型号。

表 2.1.6 为 CC4511 的功能表,其输入为 8421BCD 码,输出为 a～g 这 7 个字段。输入为原码,输出为高电平有效,应该驱动共阴极数码管。其输入端 $\overline{\text{LT}}$ 为亮灯测试,$\overline{\text{BI}}$ 为灭灯测试,LE 为锁存控制。

表 2.1.6　CC4511 功能表

输入							输出							显示字形
LE	$\overline{BI}$	$\overline{LT}$	D	C	B	A	a	b	c	d	e	f	g	
×	×	0	×	×	×	×	1	1	1	1	1	1	1	8
×	0	1	×	×	×	×	0	0	0	0	0	0	0	消隐
0	1	1	0	0	0	0	1	1	1	1	1	1	0	0
0	1	1	0	0	0	1	0	1	1	0	0	0	0	1
0	1	1	0	0	1	0	1	1	0	1	1	0	1	2
0	1	1	0	0	1	1	1	1	1	1	0	0	1	3
0	1	1	0	1	0	0	0	1	1	0	0	1	1	4
0	1	1	0	1	0	1	1	0	1	1	0	1	1	5
0	1	1	0	1	1	0	0	0	1	1	1	1	1	6
0	1	1	0	1	1	1	1	1	1	0	0	0	0	7
0	1	1	1	0	0	0	1	1	1	1	1	1	1	8
0	1	1	1	0	0	1	1	1	1	0	0	1	1	9
0	1	1	1	0	1	0	0	0	0	0	0	0	0	消隐
0	1	1	1	0	1	1	0	0	0	0	0	0	0	消隐
0	1	1	1	1	0	0	0	0	0	0	0	0	0	消隐
0	1	1	1	1	0	1	0	0	0	0	0	0	0	消隐
0	1	1	1	1	1	0	0	0	0	0	0	0	0	消隐
0	1	1	1	1	1	1	0	0	0	0	0	0	0	消隐
1	1	1	×	×	×	×	锁存							锁存

　　图 2.1.5 为 Multisim 中的 74LS48 符号,实际的 74LS48 也是输出高电平有效的七段码显示译码器,适合驱动共阴极数码管。

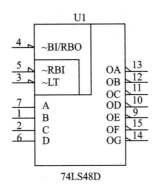

图 2.1.5　74LS48 符号

2.2　仿真任务_数值比较器

具有对两个数字大小或是否相等进行比较功能的逻辑电路称为数值比较器。一位数值比较器能够对两个一位二进制数比较大小,真值表如表 2.2.1 所列。

表 2.2.1　一位数值比较器真值表

输　　入		输　　出		
B	A	$Y_{A<B}$	$Y_{A=B}$	$Y_{A>B}$
0	0	0	1	0
0	1	0	0	1
1	0	1	0	0
1	1	0	1	0

由于集成译码器的每个输出端相当于一个最小项,只要把真值表中需要的最小项结合起来就可以实现任何函数,所以能利用集成译码器实现数值比较器。

利用集成译码器实现逻辑函数的时候,一般需要以下几步:

① 根据真值表写出表达式,不需要化简,使用最小项形式即可。

② 根据自变量的数量确定所需的译码器输入端子,并分配输入信号。即将译码器的输入端子分别接函数自变量,并对多余的输入端子妥善接 0 或 1。

③ 给译码器输入端接好输入信号后,利用函数自变量写出输出端的表达式。

④ 对比第③步的表达式和第①步的表达式进行表达式变换,用译码器输出端表达出函数关系式。

⑤ 绘制电路图并仿真。

2.3 实操任务_多数表决电路

1. 项目要求

在民主决议中,经常采用投票的方式决定议案是否通过,投票一般采用一人一票、少数服从多数的原则。试设计一个数字电路,实现 3 个人投票的多数表决电路,要求投票的 3 个人用按键进行投票,投票结果用发光二极管显示。

2. 逻辑分析

逻辑声明:用自变量(字母)分别表示投票的按键,假设用自变量 A、B 和 C 分别表示 3 个投票按键。用函数 Y 表示最后的投票结果。

逻辑赋值:自变量用 1 表示同意议案通过,0 表示否决议案;函数 Y 也是用 1 表示议案通过,0 表示议案被否决。

真值表如表 2.3.1 所列。

表 2.3.1　多数表决真值表

输 入			输 出
A	B	C	Y
0	0	0	0
0	0	1	0
0	1	0	0
0	1	1	1
1	0	0	0
1	0	1	1
1	1	0	1
1	1	1	1

3. 逻辑表达式

写出表达式:

$$Y = \overline{A}BC + A\overline{B}C + AB\overline{C} + ABC$$

化简得:

$$Y = (\overline{A}B + A\overline{B})C + AB(\overline{C} + C) = (A \oplus B) \cdot C + AB$$

也可以这样化简:

$$Y = (\overline{A}BC + ABC) + (A\overline{B}C + ABC) + (AB\overline{C} + ABC) = BC + AC + AB$$

也可以在此式基础上变换形式为:

$$Y=BC+AC+AB=\overline{\overline{BC+AC+AB}}$$

还可以由真值表直接写出 Y 的反变量表达式：

$$\overline{Y}=\overline{A}\,\overline{B}\,\overline{C}+\overline{A}\,B\overline{C}+\overline{A}B C+AB\,\overline{C}=\overline{B}\,\overline{C}+\overline{A}\,\overline{C}+\overline{A}\,\overline{B}$$

可得：$Y=\overline{\overline{B}\,\overline{C}+\overline{A}\,\overline{C}+\overline{A}\,\overline{B}}$。

4. 逻辑电路图

按照 $Y=(A\oplus B)\cdot C+AB$ 绘制逻辑电路图,需要 4 个门、3 块集成电路,如图 2.3.1 所示。

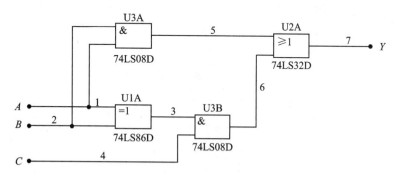

图 2.3.1　3 块集成电路

按照 $Y=BC+AC+AB$ 绘制逻辑电路图,需要 5 个门、两块集成电路,如图 2.3.2 所示。

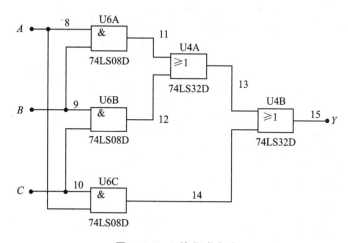

图 2.3.2　2 块集成电路

按照 $Y=\overline{\overline{BC+AC+AB}}$ 绘制逻辑电路图,需要两个门、两块集成电路,如图 2.3.3 所示。该电路可以同时得到 Y 的原变量和反变量,需要时很方便。如果只需要 Y 的反变量,则只用一块 74LS54 集成电路就可以实现,如图 2.3.4 所示。图 2.3.4 中 3

个按键按下为低电平,表示不通过;弹出为高电平,表示通过。其中,发光二极管亮表示通过,发光二极管暗表示不通过。

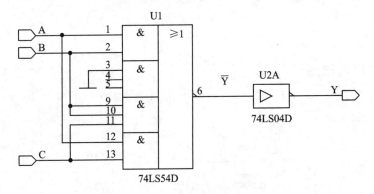

图 2.3.3 两块集成电路

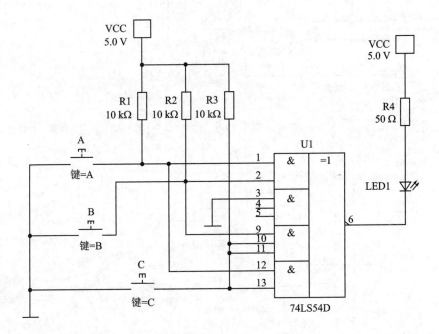

图 2.3.4 只用一个门

在工程应用中,根据不同的实际场合,可以从以上方案中选择简单、经济的一个方案。

2.4　拓　展

2.4.1　知识拓展

1. 卡诺图化简法

卡诺图(Karnaugh Map)是逻辑函数的一种图形表示方法,是用图示方法将各种输入变量取值组合下的输出一一表达出来。

(1) 逻辑函数的卡诺图

卡诺图形象地表达了变量各个最小项之间在逻辑上的相邻性。图 2.4.1 为两变量卡诺图,图 2.4.1(a)中方格内填写的是最小项,图 2.4.1(b)方格内填写的为最小项二进制代码,图 2.4.1(c)方格内填写的为最小项十进制编号,采用十进制编号的方法书写最为简洁,也可以省略字母 m,只写十进制编号。

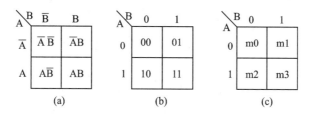

图 2.4.1　两变量卡诺图

图 2.4.2 为三变量卡诺图,图 2.4.3 为四变量卡诺图。

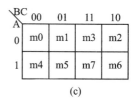

图 2.4.2　三变量卡诺图

在卡诺图中,一个最小项对应图中一个变量取值组合(反映在编号上)的小格子。两个逻辑相邻的最小项对应的小格子位置间有以下 3 种情况:

① 相接:两个小格子紧挨着,有一个边重合。

② 相对:各在任一行或一列的两头。

③ 相重:将纸面对折起来时,小格子的位置重合。

在卡诺图上,两个相邻最小项合并时,相当于把其圈在一起组成一个新格子。新格子和两相邻最小项消去变化量之后的式子相对应。在图 2.4.4 中,虚线框中两项可以合并为 BC,即 $\overline{A}BC + ABC = BC$。

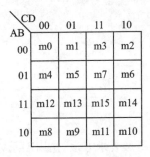

CD AB	00	01	11	10
00	m0	m1	m3	m2
01	m4	m5	m7	m6
11	m12	m13	m15	m14
10	m8	m9	m11	m10

图 2.4.3　四变量卡诺图

A\BC	$\overline{B}\,\overline{C}$	$\overline{B}C$	BC	$B\overline{C}$
$\overline{A}$	$\overline{A}\,\overline{B}\,\overline{C}$	$\overline{A}\,\overline{B}C$	$\overline{A}BC$	$\overline{A}B\overline{C}$
A	$A\overline{B}\,\overline{C}$	$A\overline{B}C$	ABC	$AB\overline{C}$

图 2.4.4　两项合并

(2) 将真值表填入卡诺图

根据逻辑函数的变量个数选择相应的卡诺图,然后根据真值表,将函数输出值填写到卡诺图中的每个小方格。即在对应于变量取值组合的每一小方格中,函数值为 1 时填 1,为 0 时填 0,即得函数的卡诺图。

(3) 确定相邻项

卡诺图的最突出优点是用几何位置相邻表达了构成函数的各个最小项在逻辑上的相邻性。可以很容易地求出函数的最简与或式,使其在函数的化简和变换中得到应用。

确定相邻项时用圈将相邻的 1(或相邻的 0)圈起来,以便于下一步化简;圈中的方格数量必须为 2^n 个,圈中不能 0、1 混杂。画包围圈时须保证被圈中的最小项两两相邻,不能出现斜线形、拐棍形等不相邻情况。在卡诺图中,凡是圈上的相邻最小项均可合并。合并时,每个包围圈都保留圈中相同变量,消去不同变量。每个圈都是一个与项,如图 2.4.5 和图 2.4.6 所示。

A\BC	00	01	11	10
0		1		
1		5		

(a) $\overline{A}\,\overline{B}C+A\overline{B}C=\overline{B}C$

A\BC	00	01	11	10
0			3	2
1				

(b) $\overline{A}B\overline{C}+\overline{A}BC=\overline{A}B$

图 2.4.5　三变量卡诺图中的相邻

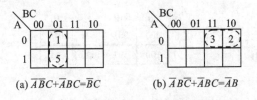

A\BC	00	01	11	10
0	0	1		
1	4	5		

(a) $\overline{A}\,\overline{B}\,\overline{C}+\overline{A}\,\overline{B}C+A\overline{B}\,\overline{C}+A\overline{B}C=\overline{B}$

A\BC	00	01	11	10
0	0			2
1	4			6

(b) $\overline{A}\,\overline{B}\,\overline{C}+\overline{A}B\overline{C}+A\overline{B}\,\overline{C}+AB\overline{C}=\overline{C}$

图 2.4.6　4 个相邻项

（4）选择与项，写出最简与或表达式

选择与项时必须包含全部填 1 的最小项，选用的与项的总数应该最少，每个与项所包含的因子也应该最少。

化简时应注意的几个问题：

- 圈 1 得原函数，圈 0 得反函数。
- 包围圈必须覆盖所有的 1。
- 圈中 1 的个数必须是 2^n 个相邻的 1。
- 包围圈的个数必须最少（与项最少）。
- 包围圈越大越好（消去的变量多）。
- 每个圈至少包含一个新的最小项（不能有完全重复的圈）。
- 选出最简与或式。

2. 计算机辅助化简

使用电路仿真软件可以化简逻辑函数。在 Multisim 的主界面中，通过菜单或放置仪器的快捷按钮，在仿真窗口放置逻辑转换器符号，如图 2.4.7 所示。

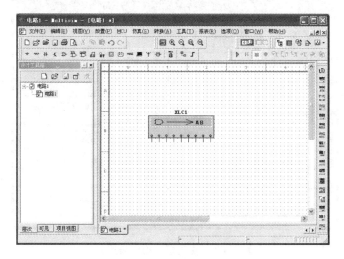

图 2.4.7　放置逻辑转换器符号

双击逻辑转换器符号可以打开逻辑转换器界面，如图 2.4.8 所示。

根据逻辑函数的自变量数量，在上面圆圈处单击选择自变量 A、B、C 等，然后可以看到对应自变量圆圈下方的表格里自动生成了最小项，这时根据逻辑函数实际最小项对应输出，用鼠标在右侧相应行单击来选择数值。"×"表示无关项。然后单击右侧转换栏的按钮即可完成转换，如图 2.4.9 所示。输出表达式用"'"表示逻辑非，即 A'为 A 的反变量，等同于 $\overline{A}$，A'B'C 就是 $\overline{A}\,\overline{B}C$。

若想利用逻辑转换器进行化简，则只须在输入真值表后，在转换栏单击选择第三个快捷按键即可，如图 2.4.10 所示。逻辑转换器还可以完成逻辑图到真值表的转

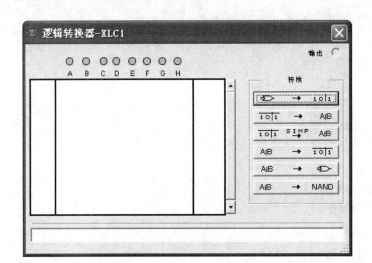

图 2.4.8　逻辑转换器界面

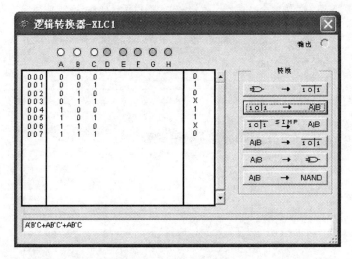

图 2.4.9　由真值表得到表达式

换、表达式到逻辑图的转换、表达式到真值表的转换等功能。

3. 数据选择器

数据选择器(Data Selector)也称为多路开关(Multiplexer),具有从输入的多路数据中选择一路输出的功能。在数据选择器中,由地址信号指定被选择的信号进行输出。图 2.4.11 为数据选择器的功能示意图,图中 D3～D0 为待选择的数据;Y 为输出端,输出选择结果;A1 和 A0 为地址,用来确定开关的位置,决定将哪一路数据传送到输出端 Y。

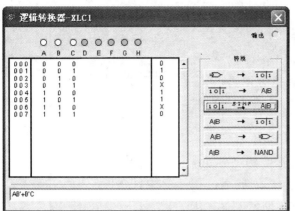

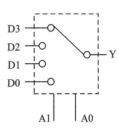

图 2.4.10　由真值表得到最简真值表　　　　图 2.4.11　数据选择器功能示意图

常用集成数据选择器有 74LS151 和 74LS153 等。74LS151 为集成八选一数据选择器,真值表如表 2.4.1 所列。其地址选择输入端为 CBA,其中,C 为高位地址,A 为低位地址;选通输入端为~G,低电平时,74LS151 可以实现数据选择功能;输出端 Y 为原码输出,~W 为反码输出。其中,~G 表示 G 的反变量,即 $\overline{G}$,类似的,~W 表示 $\overline{W}$。

表 2.4.1　74LS151 真值表

输　入				输　出	
选择			选通	Y	~W
C	B	A	~G		
×	×	×	1	0	1
0	0	0	0	D0	~D0
0	0	1	0	D1	~D1
0	1	0	0	D2	~D2
0	1	1	0	D3	~D3
1	0	0	0	D4	~D4
1	0	1	0	D5	~D5
1	1	0	0	D6	~D6
1	1	1	0	D7	~D7

图 2.4.12 为 74LS151 的符号。

八选一数据选择器的表达式为:

$$Y = \overline{G} \cdot (\overline{C}\,\overline{B}\,\overline{A} \cdot D0 + \overline{C}\,\overline{B}A \cdot D1 + \overline{C}B\overline{A} \cdot D2 + \overline{C}BA \cdot D3 + C\overline{B}\,\overline{A} \cdot D4 +$$

$\overline{C}\overline{B}A \cdot D5+C\overline{B}\overline{A} \cdot D6+CBA \cdot D7)$

4. 组合电路设计方法

组合电路设计主要按照以下顺序进行:

① 将实际问题的语言描述转换为逻辑描述。这需要首先进行逻辑定义和逻辑赋值,然后根据题意列出真值表。

② 逻辑化简和转换。

将真值表转换为逻辑表达式,逻辑表达式的繁简不同,绘制出的逻辑电路图也有所不同,所以化简逻辑表达式十分重要,可以根据不同情况将表达式转换为较易实现的形式。化简时要注意充分利用无关项进行化简,以使表达式尽量简单。

③ 根据逻辑表达式绘制出逻辑电路图。

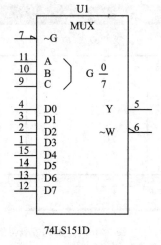

图 2.4.12　74LS151 符号

要注意输入画在左侧,输出画在右侧;某些较复杂的逻辑电路图可以将输入画在下面,向上绘制,输出画在最上面。绘制逻辑电路图时尽量选择已有集成电路型号绘制,以便于电路实现。

④ 表达式的化简和绘制逻辑电路图可以借助计算机来完成,完成后可以首先利用计算机进行仿真验证。如果验证失败,说明设计可能还有问题,需要进一步修改和完善。如果验证通过,须安装并调试实际电路。实际电路是检验设计成功与否的唯一标准。

5. 组合电路分析方法

对于实际组合电路板,可以采用实验的方法,分别给各个输入端输入高低电平,同时测量输出端电平的高低,就可以直接得到组合电路的真值表。

对于给定的组合电路图,可以根据逻辑电路图写出逻辑表达式,然后进行化简,根据需要列出真值表。

6. 使用 MSI 实现逻辑函数的基本方法

根据集成电路规模的大小,通常将其分为小规模集成电路(SSI)、中规模集成电路(MSI)、大规模集成电路(LSI)、超大规模集成电路(VLSI)。分类的依据是一片集成电路芯片上包含的逻辑门个数或元件个数。

中规模集成电路通常指含逻辑门数为 10～99 门(或含元件数 100～999 个)。常见中规模集成电路有:数据选择器、编码器、译码器、触发器、计数器、寄存器等。

中规模集成电路比小规模集成电路集成度高,利用 MSI 实现逻辑函数能够使电路更加简洁,减少焊点和外部连线,从而提高系统可靠性、可维护性,降低功耗、设计成本、生产成本和维修成本。

中规模集成电路一般都是专用功能器件,都具有某种特定的逻辑功能;用这些功能器件实现组合逻辑函数,一般都采用对比法进行设计。用对比法进行设计的要点是:先写出 MSI 的表达式,然后将 MSI 表达式和要实现的逻辑函数进行比对,将两者相同的项保留下来,去除掉不需要的项。

用 MSI 设计组合逻辑电路的步骤:

① 写出需要实现的逻辑函数表达式;

② 根据表达式复杂程度选择 MSI;

③ 写出 MSI 的逻辑表达式;

④ 对要实现的逻辑函数进行变换,把它尽可能变换成与 MSI 表达式类似的形式;

⑤ 对比要实现的逻辑函数表达式和 MSI 表达式,确定 MSI 的输入端需要连接的信号以及是否需要外接门电路拓展 MSI 功能;

⑥ 绘制逻辑电路图;

⑦ 进行仿真;

⑧ 安装、调试电路,并进行测试。

2.4.2　任务拓展

1. 项目要求

设计显示按键代码的电路,有 4 个按键,按下一个按键,数码管显示对应编码。比如 4 个按键的代码分别为 1、2、3、4,则按下代码为 1 的按键,数码管显示 1;按下代码为 2 的按键,数码管显示 2,依此类推。

2. 项目分析

本项目可以采用两种设计思路,一种思路是按照前面学习的组合电路设计思路,先将实际问题抽象为逻辑问题,列真值表,写表达式,化简表达式,绘制电路图。另一种思路是采用已有的集成编码器、集成译码器等中规模集成电路进行设计。两种设计思路对应两种设计方案,下面分别讨论。

方案一:直接用门电路驱动数码管显示。

方案二:使用集成编码器输出 4 位的 BCD 码,然后再通过显示译码器驱动数码管显示。

方案一每次只能按下一个按键,没有按键优先处理功能;采用方案二的设计案例如图 2.5.1 所示,该案例具有优先编码功能,输入低电平有效,开关 S4 具有最高的优先级别。

一个实际问题具有不同解决方案,简单的逻辑问题使用普通门电路就可以方便、灵活地实现设计,而复杂的逻辑问题适合采用集成度高的逻辑器件,这样可以简化设计、降低成本。

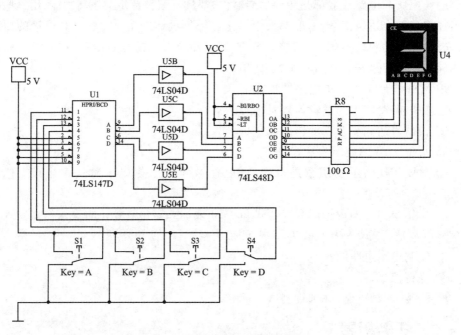

图 2.5.1　方案二的参考电路

2.5　本章小结

知识小结

　　本章主要介绍了几种逻辑描述方法和这几种方法之间的转换、组合逻辑电路的设计方法和分析方法,以及数据选择器、编码器、译码器等几种常用的组合逻辑电路的知识。

　　实际问题都是用语言描述的,需要转换为逻辑描述才能用来制作数字电路。这个转换过程是很重要的逻辑分析过程,需要首先确定因果关系,原因作为输入变量,结果作为输出函数,原因决定结果,因果关系不能错。然后给输入变量和输出函数分配一个字母,这些字母要么取值为 0,要么取值为 1,需要首先声明取值为 0 代表实际问题中的哪种情况、取值为 1 代表实际问题中的哪种情况,然后列出真值表。

　　真值表是非常重要的一种逻辑描述方法,但是不易绘制电路图,通常需要将真值表转换为表达式,然后根据表达式绘制逻辑电路图。逻辑表达式和逻辑电路图也是非常重要的逻辑描述方法。实际测试电路时,很容易用示波器观察到波形图,波形图也称为时序图,也是常用的逻辑描述方法。

　　由真值表得到的表达式往往比较繁琐,可以利用公式进行化简,这样便于理解输入和输出之间的逻辑关系。用电路实现的时候也可以使电路更简单,降低电路成本,降低功耗,提高电路平均无故障时间。有时候表达式和实际集成电路的功能之间有所区别,还需要对表达式进行相应变换,以便利用集成电路实现逻辑功能。

用表达式绘制逻辑电路图比较简单,一般遵循输入端放在左边,输出端放在右边,从左到右、从输入到输出的绘制方法。绘制电路时,信号从输入到输出的顺序一定要和表达式的运算次序保证一致。

组合电路的设计一般按照"实际问题→真值表→表达式→逻辑电路图"的流程进行;组合电路的分析是设计的逆过程,一般先有逻辑电路图,然后写出表达式,对表达式化简后列出真值表。对于简单的逻辑问题可以直接从化简后的表达式看出来;对于复杂的逻辑问题,只能通过认真分析真值表才能猜测出逻辑功能。

数据选择器、编码器、译码器、加法器、数值比较器是比较常用的组合逻辑电路,需要熟悉它们的功能,需要时应该能够设计它们的电路,也要会根据情况选用已有的中规模集成电路。

技能小结

本章在技能方面主要用到了前一章练习的集成电路型号识别、引脚排列识别、集成门电路的名称与功能对照识别、集成电路安装、按照原理图和引脚图连线、集成电路逻辑功能测试、简单电路图绘制、万用表的使用和示波器的使用等技能。

本章开始出现一个电路使用多片集成电路的情况,这需要在连接电路之前测试每片集成电路的好坏,这是一个熟悉集成电路逻辑功能和引脚排列的过程。熟悉集成电路的逻辑功能和引脚排列之后连接电路会更容易,不容易接错线。另一方面,事先检测过集成电路好坏,如果电路出现故障,就只需要检查连线是否错误,容易缩小故障范围;在确定故障原因后一定要记得再次检查相关集成电路的好坏,因为错误的连线有可能导致集成电路损坏。

在连线比较复杂的时候,可以连一根实际导线后立刻在电路图上的这根线做一个标记(用数字、字母、点、圆圈、三角、横线等简单符号);最后,当所有线都连完的时候,电路图上所有线都应该已经做好标记了。查找故障时,也可以在查找过的导线上用另一种符号再做一次标记,这样便于理清查找思路,避免重复查找。

项目完成时要及时记录整理相关数据和资料,尽快完成技术报告,以免忘记或遗漏。

2.6　思考与提高

1. 逻辑思维训练:

设"并非无商不奸"为真,则以下哪项一定为真:(　　　)

A. 所有商人都是奸商。　　　　B. 所有商人都不是奸商。

C. 并非有的商人不是奸商。　　D. 并非有的商人是奸商。

E. 有的商人不是奸商。

2. 试分析科学技术普及、创新和知识产权保护的关系。

3. 试分析山寨文化的含义、历史、利弊与创新、知识产权保护的关系。

4. 设计一个逻辑电路完成以下功能:某比赛设置有一个主裁判和 3 个副裁判,当 3 个裁判同意或主裁判和一个副裁判同意情况下成绩有效;否则,成绩无效。

5. 某工厂有 A、B、C 共 3 个车间,各需电力 10 kW,由厂变电所的 X、Y 两台变压器供电。其中,X 变压器的功率为 13 KV·A(千伏安),Y 变压器的功率为 25 KV·A。为合理供电,须设计一个送电控制电路。控制电路的输出接继电器线圈。送电时线圈通电,不送电时线圈不通电。

6. 设计一个监控信号灯工作状态的逻辑电路,信号灯由红、黄、绿共 3 盏灯组成。正常情况下,任意时刻一灯亮,其他两灯灭,其他 5 种情况属故障状态。要求电路能发出故障指示。

7. 人类有 4 种基本血型:A、B、AB、O 型。

输血者与受血者的血型必须符合下述原则:(　　　)

➤ O 型血可以输给任意血型的人,但 O 型血只能接受 O 型血;

➤ AB 型血只能输给 AB 型,但 AB 型能接受所有血型;

➤ A 型血能输给 A 型和 AB 型,但只能接受 A 型或 O 型血;

➤ B 型血能输给 B 型和 AB 型,但只能接受 B 型或 O 型血。

请设计一个检验输血者与受血者血型是否符合上述规定的逻辑电路。如果输血者与受血者的血型符合规定电路输出"1"(提示:电路只需要 4 个输入端,它们组成一组二进制代码,每组代码代表一对输血——受血的血型对)。

8. 分别用数据选择器和译码器实现逻辑函数 $Y1=\overline{AB}+C$。

9. 用 3 线-8 线译码器实现 4 线-16 线译码器。

10. 用 8 选 1 数据选择器实现 16 选 1 数据选择器。

2.7　本章习题

一、单选题

1. 图 2.7.1 所示的译码显示电路中,输入为 8421BCD 码。设控制显示信号高电平有效,则 $L_a L_b L_c L_d L_e L_f L_g=(\qquad)$。

A. 1010101　　　　B. 0101010　　　　C. 1111111　　　　D. 1011011

2. 已知逻辑函数 $Y=\overline{ABC+CD}$,可以肯定 $Y=0$ 的是(　　　)

A. A=0,BC=1　　　　　　　　B. BC=1,D=1

C. AB=1,CD=0　　　　　　　　D. C=1,D=0

3. 已知函数 $Y(A,B,C)=\sum m(1.3.4)$,可知使 $Y=0$ 的输入变量最小项有(　　　)个。

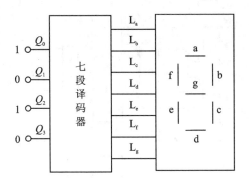

图 2.7.1

A. 3 　　　　　　B. 4 　　　　　　C. 5 　　　　　　D. 6

4. $(16)_{16} = ($ 　　$)_2$

A. 16 　　　　　　B. 10000 　　　　C. 11111 　　　　D. 10110

5. $(86)_{10} = ($ 　　$)_{16}$

A. 88 　　　　　　B. FF 　　　　　　C. 3D 　　　　　　D. 56

二、填空题

1. 十进制数 128 对应的二进制数是_____。

2. 在 $C=0, D=1$ 时,函数 $F=ACD+\overline{C}\,\overline{D}$ 的值为_____。

3. $(62)_{10} = ($_____$)_{8421BCD码}$。

4. 使函数 $Y(A,B,C)=AB+AC$ 取值为 1 的最小项有_____个。

5. $(1001001)_2 = ($_____$)_{10}$。

三、判断题

1. 逻辑函数表达式的化简结果是唯一的。

2. 组合逻辑电路的基本单元电路是门电路和触发器。

3. 译码器和数据选择器都属于组合逻辑电路,但后者可以用来实现逻辑函数, 而前者不能。

4. 无关项在化简时应该当作 1,这样可以使化简结果更简单。

5. 有些逻辑函数没有无关项。

四、用公式法化简 $Y=AB+\overline{A}C+ABD+BCD$。

五、分析图 2.7.2,写出 Y_1、Y_2 的表达式并化简,写出真值表。

六、表 2.7.1 为某编码器的真值表(设未列出的输入组合不能出现),试分析其 工作情况。

(1) 是? /? 线编码器?

(2) 编码信号高电平还是低电平有效?

(3) 编码信号 $K_0 \sim K_7$ 间有何约束条件?

(4) 当 K_5 信号请求编码时,$Y_2Y_1Y_0 = $?

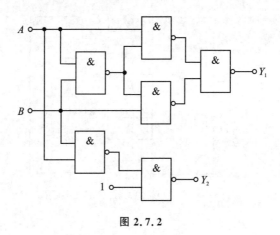

图 2.7.2

表 2.7.1

K_0	K_1	K_2	K_3	K_4	K_5	K_6	K_7	Y_2	Y_1	Y_0
1	0	0	0	0	0	0	0	0	0	0
0	1	0	0	0	0	0	0	0	0	1
0	0	1	0	0	0	0	0	0	1	0
0	0	0	1	0	0	0	0	0	1	1
0	0	0	0	1	0	0	0	1	0	0
0	0	0	0	0	1	0	0	1	0	1
0	0	0	0	0	0	1	0	1	1	0
0	0	0	0	0	0	0	1	1	1	1

七、利用图 2.7.3 所示的 3 线-8 线译码器 74LS138 和门电路实现函数 $Y = \overline{A}\,\overline{B}\,\overline{C} + A\overline{B}\,\overline{C} + A\overline{B}C + ABC$。

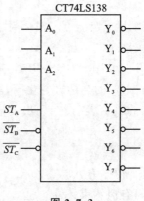

图 2.7.3

第 **3** 章

时序逻辑电路

专业知识

➤ 深刻理解时序、现态和次态的概念；

➤ 熟练掌握时钟脉冲的主要参数；

➤ 熟练掌握状态方程、状态转换表和状态转换图等逻辑表示方法和这几种表示方法之间的互相转换；

➤ 熟练掌握 SR 锁存器、D 触发器、JK 触发器的符号和特性方程；

➤ 掌握时序逻辑电路的分析方法；

➤ 理解寄存器和移位寄存器的逻辑功能；

➤ 掌握时序逻辑电路的设计方法；

➤ 熟悉计数器的逻辑功能；

➤ 掌握用集成计数器构成任意进制计数器的基本方法。

专业技能

➤ 能够按照功能表检测触发器的好坏；

➤ 能按照电路图安装较复杂的时序逻辑电路；

➤ 能够按照功能表检测寄存器的好坏；

➤ 会使用示波器观察时序电路波形；

➤ 会检查时序逻辑电路的故障并能排除故障；

➤ 能完成分析、设计、安装、调试等工程项目流程；

➤ 会设计简单的状态机。

素质提高

➤ 培养学生严肃、认真的科学态度和良好的学习方法；

➤ 使学生养成独立分析问题、解决问题的能力，并具有协作和团队精神；

➤ 能综合运用所学知识和技能独立解决课程设计中遇到的实际问题，具有一定

的归纳、总结能力;

➢ 具有一定的创新意识,具有一定的自学、表达、获取信息等各方面的能力;

➢ 培养规范的职业岗位工作能力;

➢ 培养学生的质量、成本、安全意识。

思政元素

➢ 通过时钟脉冲融入珍惜时间的传统观念和现实意义;

➢ 通过时序电路记忆功能和状态转换融入不忘历史、展望未来的观念;

➢ 通过仿真和实操融入工匠精神。

3.1　知识储备

3.1.1　时间的描述

1. 时钟脉冲

组合逻辑电路中没有时间的概念,什么时候输入改变了,输出也会在门电路延时之后立刻改变,不能记忆;虽然也有先后的概念,但没有时间长短的概念,不能记住一段时间以前的东西。

日常生活中经常需要时间的概念,比如早晨 7:00 起床、7:30 早餐、8:30 上课,人们通过钟表来掌握时间。当需要利用数字电路解决生活中的实际问题时,也需要数字电路能按照一定的时间节拍完成指定任务,这就需要在数字电路中有一个指示时间的钟表,但是一个钟表比较复杂,数字电路也难以识别钟表,通常会在数字电路中采用时钟脉冲的方法来计时间。

具有时间概念的数字电路称为时序逻辑电路。数字电路主要包括组合逻辑电路和时序逻辑电路两大组成部分,时序逻辑电路中可以包含组合逻辑电路,两者的主要区别就在于有没有时间长短的概念、是否具有记忆功能。

时钟脉冲是一串周期固定的脉冲,在数字电路里用来计量时间的长短。电路中所有数字集成电路的工作顺序和工作节拍都建立在时钟脉冲的基础之上,一个时钟脉冲是数字电路中的最小时间单位。假设一个时钟脉冲是一秒(1 s),则该电路中所有的时间都是这一秒的整数倍,通过对时钟脉冲个数的计量来确定时间,原理与机械钟表类似。

周期和频率互为倒数,时钟脉冲在电路中显然应该是频率最高的信号,现在计算机的中央处理器主频(主时钟脉冲频率)达到了几个吉赫兹(GHz),对应的周期为零点几纳秒(ns)。在计算机发展历史上,曾经主要采用提高 CPU 主频的方法来提高计算机处理速度,而如今主要采用多核处理器技术提高计算机处理速度,主频几乎不再提高,原因就在于:在当前材料和技术限制下,时钟脉冲的频率很难提高,这是计算机发展的主要瓶颈。

时钟脉冲分为上升沿、高电平、下降沿和低电平 4 个组成部分。上升沿是指电压从低电平上升到高电平的过程,下降沿是指电压从高电平下降到低电平的过程,具体波形和参数如图 3.1.1 所示。

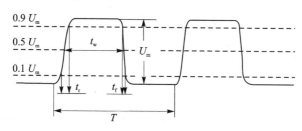

图 3.1.1　脉冲波形

时钟脉冲的主要参数有:

幅度 U_m,单位为伏特(V);

上升时间 t_r,单位为秒(s);

下降时间 t_f,单位为秒(s);

周期 T,单位为秒(s);

频率 $f=1/T$,单位为赫兹(Hz);

脉冲宽度 t_w,单位为秒(s);

占空比 $q=t_w/T$,无量纲。

理想的时钟脉冲是矩形波,但实际上,电信号经过导线和元器件总需要时间,这就是上升时间和下降时间存在的原因。上升时间和下降时间限制了最高时钟频率。一般将占空比为 50% 的矩形波称为方波。

2. 状态、现态与次态

现实生活中,很多事物都有不同的状态,状态是系统从一个环节到另一个环节的相对稳定的部分,不稳定部分则变化剧烈、不易描述。比如,人的身体健康情况可以有健康状态和疾病状态,亚健康则是两者进行转换的不稳定情况;大脑神志情况可以分为清醒状态、睡眠状态、昏迷状态、死亡状态等;电视机则有待机状态、工作状态、关机状态;笔记本电脑有休眠状态、睡眠状态、工作状态、关机状态等。

时序逻辑电路中都有一些锁存器或触发器,这些锁存器和触发器具有记忆功能,它们的输出是 1 就称为 1 状态,是 0 就称为 0 状态。时序逻辑电路的状态就是指这些记忆单元的状态。

时序逻辑电路能够记忆以前的状态,也能随输入条件改变现有状态。为了区别过去的状态和新的状态,将现有状态称为现态,用上标 n 表示;将即将发生的新状态称为次态,用上标 $n+1$ 表示。现态和次态仅在描述同一个变量(或函数)变化前和变化后的区别时使用,比如:

$$Q_1^{n+1} = Q_1^n A + Q_2 B$$

该式主要描述 Q_1 变化前后的关系,等号左侧为次态,等号右侧为现态。也就是说,Q_1 的新状态由 Q_1 的现态和 A、B、Q_2 等共同决定,在求 Q_1 次态的表达式中 Q_2 现在是 1 就是 1,是 0 就是 0,不需要区别 Q_2 现态和次态。

3.1.2 状态转换图和状态转换表

时序逻辑的根本问题在于描述时间的先后(操作和执行的步骤顺序)以及时间间隔的长短,状态转换图和状态转换表就可以很好地描述电路状态转换步骤。

如果说真值表是实际问题的语言描述和逻辑描述的桥梁和纽带,则对于时序逻辑问题来说,状态转换图就是实际问题的语言描述和时序逻辑描述的桥梁和纽带。而状态转换表则是将状态转换图变换为表达式的途径,表达式则用来绘制逻辑电路图。

1. 状态转换图

时序电路的工作流程可以用状态转换图来描述,状态转换图里包括了时序电路可能出现的所有状态,并且用箭头指出状态转换的方向。

比如全自动洗衣机的一个完整洗衣过程包括以下 4 个环节(也可以称为 4 个状态):浸泡、洗涤、漂洗、甩干。假设每次都是这样完整的流程,可以用汉字绘制出流程图,如图 3.1.2 所示。

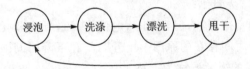

图 3.1.2 文字流程图

4 个环节需要用两位二进制代码,也就是两个变量组成代码。假设用 Q_1 和 Q_0 表示二进制代码,$Q_1 Q_0 = 00$ 表示浸泡,$Q_1 Q_0 = 01$ 表示洗涤,$Q_1 Q_0 = 10$ 表示漂洗,$Q_1 Q_0 = 11$ 表示甩干,用 CP 表示时钟脉冲,则可以列出代码状态转换图,如图 3.1.3 所示。图中的 $Q_1 Q_0$ 用来表示图中两个数字中前面的代表 Q_1,后面的代表 Q_0。

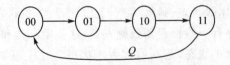

图 3.1.3 代码流程图

状态转换图中没有指出时钟脉冲,但是默认从一个状态变化到下一个状态需要一个时钟脉冲周期的时间,也就是一个箭头代表一个时钟脉冲周期。

状态转换图形象、直观地描述了状态之间的关系,唯一确定了执行步骤和次序,严谨地规定了时间的先后次序,解决了组合电路中缺乏时间概念的问题。

2. 状态转换表

状态转换表是表格形式的状态转换图,两者本质是相同的。状态转换表有两种形式,一种是使用现态和次态表达时钟脉冲到达前后的状态变化,这种方法不需要单独列出时钟脉冲;另一种是按照时间前后顺序依次将各个状态列出,这种方法需要在状态转换表左侧列出时钟脉冲 CP 的变化次序。

第一种方法,现态作为输入列在左侧,次态作为输出列在右侧。填写状态转换表时,先将输入按照普通真值表的填法列出所有取值可能,一次全部填入,然后按照每行的现态去填写相对应的次态,直到全部完成。这一方法类似于第 2 章所述的真值表填写方法,洗衣机洗涤流程图转换为状态转换表的例子如表 3.1.1 所列。

第二种方法在表格中用时钟脉冲个数的顺序递增来表示状态的先后顺序(状态转换图中的箭头)。首先假设 CP 为 0,从状态转换图中任意选择一个状态,然后按照状态转换图中的状态转换次序(箭头方向)在状态转换表中依次排列,并逐渐增大时钟脉冲 CP 的数值。当状态转换图中一个循环完成时,要画一个箭头从最末状态指向第一个状态,然后令 CP 为 0,在剩余状态中再选一个状态,根据这个状态的转换次序依次向下排列,直到出现前面已经有过的状态,然后用箭头指向这个已有状态,直到所有状态都已经出现在状态转换表里。这一方法类似于将状态转换图竖排列而成,洗衣机洗涤流程图转换为状态转换表的例子如表 3.1.2 所列。

时序逻辑设计时,状态转换表主要用来将状态转换图转换为逻辑表达式。在时序逻辑分析时,状态转换表用来将逻辑表达式转换为状态转换图。

表 3.1.1 类似真值表的状态转换表

$Q_1^n Q_0^n$	$Q_1^{n+1} Q_0^{n+1}$
00	01
01	10
10	11
11	00

表 3.1.2 类似状态转换图竖排的状态转换表

CP	$Q_1 Q_0$
0	00
1	01
2	10
3	11

3. 状态转换表转换为状态转换图

如果是真值表形式的状态转换表(类似表 3.1.1 的形式),则在画状态转换图时,任意从表中左侧选择一个状态作为现态写下来;从后面画一个箭头指向次态,这个次态为表中现态对应的右侧状态;然后再将这个次态作为现态,从后面画一个新箭头,再去表中查找对应次态;依次完成状态转换表中所列全部状态,即可完成整个状态转换图。

如果是带时钟脉冲 CP 的状态转换表(类似表 3.1.2 的形式),则在画状态转换图时,只须按时钟脉冲 CP 的顺序依次用箭头将各个状态连接起来就可以了,相对简单一些。

时序逻辑中除了现态作为输入变量,次态作为输出变量外,比较复杂些的时序逻辑都会额外具有输入、输出变量。在将状态转换表转换为状态转换图时,必须妥善处理这些变量。

【例1】 具有输入/输出变量的状态转换表如表3.1.3所列,请画出其对应的状态转换图。

表 3.1.3 有输入/输出变量的状态转换表

输	入	输	出
A	$Q_1^n Q_0^n$	$Q_1^{n+1} Q_0^{n+1}$	Y
0	00	01	0
0	01	10	0
0	10	11	0
0	11	00	1
1	00	11	1
1	01	00	0
1	10	00	0
1	11	10	0

解: 通常,在状态转换图中,状态是用二进制数字表示的。为了表示二进制数字高低各位与触发器输出变量字母的对应关系,状态转换图中会单独标注出状态字母的排列,其顺序与二进制状态数字排列顺序一一对应,比如,图3.1.4中的Q_1Q_0表示状态中的$01(Q_1=0,Q_0=1)$。输入、输出变量字母也在图中进行标注,中间用斜线分割,如A/Y,一般斜线左侧为输入变量,斜线右侧为输出变量;二进制数字标注在箭头上方,表示箭头根部的状态所对应的输出和转换为次态所需的输入。例如图3.1.4中,状态11的次态为00,两个状态的连接箭头上方标注为0/1,表示$A=0$、$Y=1$,说明11状态的输出变量Y为1,从11状态转换为00状态需要条件$A=0$。

可以根据输入变量A的取值不同将状态转换表画成两个状态转换图,如图3.1.4所示。

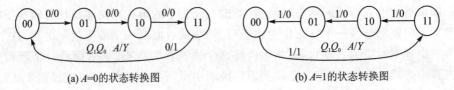

(a)$A=0$的状态转换图   (b)$A=1$的状态转换图

图 3.1.4 A 取值不同时分别绘制出两个状态转换图

也可以画在一张图里,如图3.1.5所示。这种图看起来比较复杂,需要特别注意箭头上标注的状态转换条件。

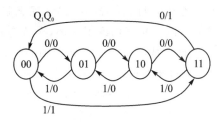

图 3.1.5 合二为一的状态转换图

【例 2】 某时序逻辑的状态转换表如表 3.1.4 和表 3.1.5 所列,请画出其对应的状态转换图。

表 3.1.4 状态转换表

$Q_2^n Q_1^n Q_0^n$	$Q_2^{n+1} Q_1^{n+1} Q_0^{n+1}$
000	001
001	010
010	011
011	100
100	000
101	100
110	111
111	110

表 3.1.5 状态转换表

CP	$Q_2 Q_1 Q_0$
0	000
1	001
2	010
3	011
4	100
0	101
0	110
1	111

解:某些时序逻辑的工作状态数量不是 2^n,这就导致代码有富裕。比如,某数字设备有 3 个工作状态:工作、省电和休眠,按照二进制编码的知识可以知道,对 3 个状态进行编码需要两位二进制代码,而两位二进制代码共有 4 种组合(00、01、10、11),除去用来表示 3 个工作状态的 3 个代码外,还有一个富裕的代码。比如,用 00 表示休眠、01 表示省电、10 表示工作,则 11 为富裕的代码。设计时序电路的时候必须考虑 11 的次态是什么,也就是说,设计人员必须准确掌握数字系统的每一个细节,绝不能有任何忽略。因为,数字系统可能在开机时的冲击电流作用下或者像雷电等强干扰下进入任何可能的状态,即使是不工作的状态也必须安排妥当。正常工作的状态代码称为有效状态,富裕的状态代码被称为无效状态。一个状态是有效状态还是无效状态在状态转换表中难以辨认,在状态转换图中比较容易识别。

如果按照表 3.1.4 绘制状态转换图,假设初始状态为 000,查表 3.1.4 可知对应的次态为 001,通过一个箭头由 000 指向 001,然后再将 001 作为现态,查表求知其次态,直至 100 的次态为 000,至此完成了一个从 0000 到 1000 的状态循环。剩余的 3 个状态也必须画到状态转换图中去,从剩余的状态中任选一个状态作为现态,比如

101,查表可知其次态为100,则在状态转换图中靠近100的附近写上101,然后画一个由101指向100的箭头。还剩余两个状态,再假设现态是110,查表可知次态为111,而111的次态又是110,这两个状态构成了循环,在状态转换图的原循环旁边单独画一个两状态循环即可,至此完成了整个状态转换图的绘制。

如果状态转换图构成多个封闭循环(图3.1.6中构成两个封闭循环),称为不能自启动。其中,某些循环不是工作需要的循环,称为无效循环。无效循环的状态数一般较少,比如上面的例子中110和111构成的循环只有两个状态。图中共有3个无效状态:101、110、111,其余5个为有效状态。

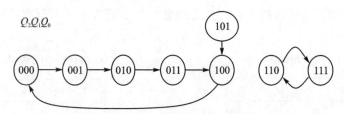

图3.1.6 多循环的状态转换图

3.1.3 触发器和锁存器

1. 基本记忆单元

时序逻辑电路之所以具有记忆功能,主要原因在于内部包括锁存器(Latch)和触发器(Flip-Flop)这样的存储电路单元。通常这些存储电路单元的内部也是由门电路构成的,但是具有反馈结构,通过反馈实现状态的自我保持来达到记忆的效果。锁存器和触发器都具有0和1两种稳定状态,一旦状态确定,只要保证电源供电就能自行保持,即长期存储1位的二进制码,直到有外部信号作用时才有可能改变。时序逻辑电路的状态也就是其内部这些存储单元的状态。

锁存器是一种基本存储单元电路,存储的内容就是它的状态,1状态就代表存储了一个1,0状态就代表存储了一个0,锁存器可在特定输入信号作用下改变状态。锁存器的状态同所有的输入信号和记忆的原有状态相关,基本锁存器的状态随时受到输入信号变化的影响,没有时钟输入端;门控锁存器的门控信号是电平(高电平或者低电平),其实应该算是使能信号,其状态在门控信号有效的一段时间内随时受到输入信号变化的影响。

锁存器的缺点是时序分析较困难,输出脉冲容易产生毛刺;优点是用门电路构成锁存器时需要的门电路数量较少,工作速度快,经常用于地址锁存。使用时一定要保证所有的地址信号在门控信号有效时稳定,绝对不发生变化。

触发器是常用存储单元电路,存储方式与锁存器相同,内部由锁存器构成,新状态也与记忆的原状态和输入信号有关;但是新状态仅仅取决于时钟信号的有效脉冲边沿时刻(上升沿或下降沿)的输入信号和现态,是一种对脉冲边沿敏感的存储电路,具有抗干扰能力强的优点。

锁存器和触发器都是具有记忆功能的二进制存储器件,也都是组成各种时序逻辑电路的常用基本器件。它们之间的主要区别为:

① 门控锁存器由电平触发,非同步控制。在使能信号(门控信号)有效时锁存器相当于通路,在使能信号无效时锁存器为记忆状态。触发器由时钟沿触发,为同步控制。

② 锁存器对输入电平敏感,受布线延迟影响较大,很难保证输出没有毛刺产生,触发器则不易产生毛刺。

③ 如果使用门电路来搭建锁存器和触发器,则锁存器消耗的门数量比触发器要少,这是锁存器比触发器优越的地方。

④ 锁存器将时序分析变得极为复杂。

一般设计中避免使用锁存器,因为锁存器会使时序分析十分复杂,最大的危害在于不能过滤毛刺,这对于下一级电路是极其危险的,所以,能用触发器的地方就尽量不用锁存器。

2. SR 锁存器

SR 锁存器(Set - Reset Latch)有时也被称为 RS 触发器,这是不严谨的称呼,混淆了触发器和锁存器的区别。

SR 锁存器分为基本 SR 锁存器和门控 SR 锁存器两类,其中,基本 SR 锁存器是各种锁存器和触发器的基本单元,常用在按钮或开关的消抖电路中。门控 SR 锁存器比基本 SR 锁存器增加了门控信号,使得抗干扰能力得到增强,但仍然具有锁存器的缺点,单独应用较少,一般作为集成触发器内部结构出现。

(1) 或非门 SR 锁存器

基本 SR 锁存器包括两种电路结构,它们都有反馈,通过反馈的自我保持作用实现记忆功能。由或非门构成的 SR 锁存器如图 3.1.7 所示,当 S 和 R 同时为 1 时,$Q=\bar{Q}=0$,出现了原变量等于反变量的情况,违背了逻辑学的基本逻辑关系,所以,使用时要注意避免 S 和 R 同时为 1 的情况,这种约束条件也属于无关项。当 S 为 1

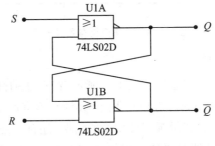

图 3.1.7　或非门 SR 锁存器

且 R 为 0 时, Q 为 1 且 $\overline{Q}=0$,称锁存器为 1 状态。当 S 为 0 且 R 为 1 时, $Q=0$ 且 $\overline{Q}=1$,称锁存器为 0 状态;当 S 为 0 且 R 为 0 时, $Q^{n+1}=\overline{R+\overline{Q^n}}=\overline{0+\overline{Q^n}}=Q^n$ 且 $\overline{Q^{n+1}}=\overline{S+Q^n}=\overline{0+Q^n}=\overline{Q^n}$,锁存器为保持(记忆)功能。

根据前述分析可得或非门 SR 锁存器的功能表,如表 3.1.6 所列。

表 3.1.6　或非门锁存器功能表

S	R	Q^{n+1}	$\overline{Q^{n+1}}$	功　能
0	0	Q^n	$\overline{Q^n}$	记忆
0	1	0	1	置 0
1	0	1	0	置 1
1	1	0	0	禁止

根据表 3.1.6 可得或非门 SR 锁存器逻辑表达式:

$$\begin{cases} Q^{n+1}=S+\overline{R}Q^n \\ S \cdot R=0(约束条件) \end{cases}$$

或非门锁存器的时序图如图 3.1.8 所示。从图中可以看出,当锁存器不处于记忆功能时,输出状态随时受到输入的影响,因此,当输入受到干扰时,输出容易发生错误。

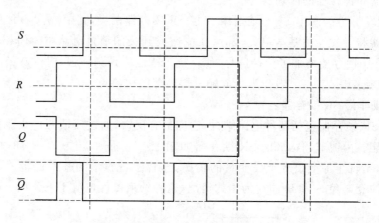

图 3.1.8　或非门锁存器波形图

(2) 与非门 SR 锁存器

由与非门构成的 SR 锁存器如图 3.1.9 所示,锁存器的两个输入端分别为 $\overline{S}$ 和 $\overline{R}$,对应的输出端分别为 Q 和 $\overline{Q}$,这和或非门 SR 锁存器有所不同。当 $\overline{S}$ 和 $\overline{R}$ 同时为 0 时, $Q=\overline{Q}=1$,也出现了原变量等于反变量的情况,违背了逻辑学的基本逻辑关系,所以,使用与非门 SR 锁存器时要注意避免 $\overline{S}$ 和 $\overline{R}$ 同时为 0 的情况,这和或非门 SR 锁存器有所区别,需格外注意。当 $\overline{S}$ 为 0 且 $\overline{R}$ 为 1 时, Q 为 1 且 $\overline{Q}=0$,锁存器为 1

状态;当 $\overline{S}$ 为 1 且 $\overline{R}$ 为 0 时,$Q=0$ 且 $\overline{Q}=1$,锁存器为 0 状态;当 $\overline{S}$ 为 1 且 $\overline{R}$ 为 1 时,

$$Q^{n+1}=\overline{\overline{S}\cdot\overline{Q^n}}=\overline{1\cdot\overline{Q^n}}=Q^n \ 且 \ \overline{Q^{n+1}}=\overline{\overline{R}\cdot Q^n}=\overline{1\cdot Q^n}=\overline{Q^n}$$,锁存器为保持(记忆)

功能。

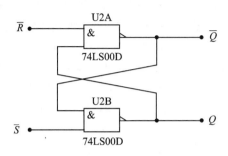

图 3.1.9　与非门 SR 锁存器

(3) SR 锁存器的功能和使用

SR 锁存器具有置 0、置 1 和记忆(保持)功能,状态转换图如图 3.1.10 所示。

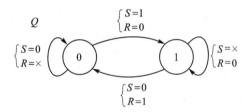

图 3.1.10　SR 锁存器状态转换图

基本 SR 锁存器结构简单,一般直接使用或非门或者与非门连接而成。常见集成 SR 锁存器为 74LS279,如图 3.1.11 所示。

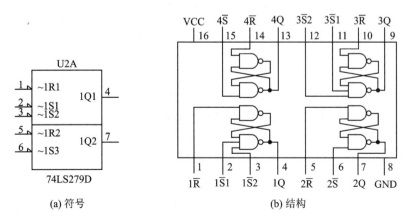

(a) 符号　　　　　　　　　　(b) 结构

图 3.1.11　集成 SR 锁存器 74LS279

SR 锁存器使用时还要特别注意:如果有某些特殊原因会导致两个输入端同时

有效(违背约束条件),则输出是确定的,而且有 $Q=\overline{Q}$;但在脱离同时有效时,如果两个输入端的输入信号同时跃变为无效,则由于门电路的延迟时间不同,输出有可能是 1 状态,也可能是 0 状态,如图 3.1.12 中阴影部分所示。对于某连接好的实际 SR 锁存器,由于两个集成电路的延时长短是确定的,所以输出是确定的 0 状态或者确定的 1 状态,也就是说,实际 SR 锁存器的输出是确定的,但需要实际测试。因此,更换集成电路或者生产多个产品时,无法保证其输出状态到底是什么,而实际生产产品时,必须保证所有产品的一致性,所以在用 SR 锁存器设计电路时必须考虑到这个问题;如果不能容忍这种情况,则需要选择其他种类的锁存器或者触发器。当两个输入信号从同时有效分先后分别退出有效时,则没有这个问题,分别按照置 0 或置 1 功能执行。

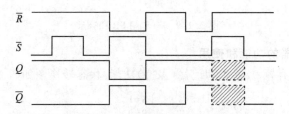

图 3.1.12 SR 锁存器的特殊问题

3. D 锁存器与触发器

(1) D 锁存器和 D 触发器的相同之处

D 锁存器和 D 触发器都具有相同的功能表、特征方程、状态转换图,它们的符号和波形时序有所不同。

D 锁存器和触发器都只有一个数据输入端,其功能如表 3.1.7 所列。

表 3.1.7 D 锁存器功能表

D	Q^{n+1}	$\overline{Q^{n+1}}$	功 能
0	0	1	置 0
1	1	0	置 1

需要特别指出的是,虽然功能表中没有提到记忆功能,但是,由于 D 锁存器和触发器都具有门控输入端或时钟脉冲输入端,在门控信号或时钟信号无效时,它们处于记忆状态,具有记忆功能;当门控信号或时钟信号有效时,它们执行表 3.1.7 中的置 0、置 1 功能。

D 锁存器和触发器的特征方程(特性方程)为:

$$Q^{n+1}=D$$

特征方程也是指门控信号或时钟信号有效时输出 Q 的新状态,若门控信号或时钟信号无效,则 $Q^{n+1}=Q^n$。

D 锁存器和触发器的状态转换图如图 3.1.13 所示。

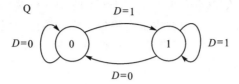

图 3.1.13　D 锁存器和触发器的状态转换图

(2) D 锁存器和 D 触发器的区别

锁存器和触发器的逻辑符号有所区别,目的是通过符号的区别表现时序的不同。锁存器 74LS375 和 74LS373 的符号如图 3.1.14 所示。D 触发器 74LS74 和 74LS175 的符号如图 3.1.15 所示。

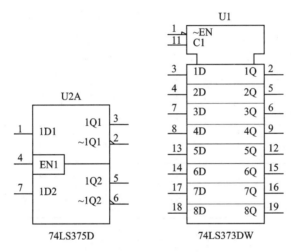

图 3.1.14　锁存器的符号

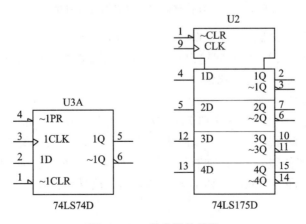

图 3.1.15　触发器的符号

74LS375 的门控信号为 EN1(4 号引脚),74LS373 门控信号为 C1(11 号引脚),门控信号在方框内部是没有尖角的。74LS74 的 1CLK 为时钟信号,74LS175 的 CLK 为时钟信号,时钟信号在方框内部有尖角。输入端在方框内部有尖角表示该输入信号的边沿有效(上升沿或者下降沿),否则,表示输入信号的电平有效(高电平或者低电平)。由于脉冲信号边沿时间很短(上升时间或下降时间),故很少有干扰会恰巧落在这段时间中,不易产生错误,所以表现为抗干扰能力强。电平持续时间较长,对于占空比为 50%的矩形波来说,高电平和低电平几乎各占半个周期,在其有效的这一段时间里,干扰很容易造成逻辑错误。也就是说,由于门控电平信号有效时间远长于时钟边沿信号,所以触发器的抗干扰能力比锁存器强很多。

图 3.1.16 为 D 锁存器和 D 触发器时序图的对比,CP 为两者共同的时钟信号,D 为输入信号,在图中可以看到,当时钟信号 CP 为高电平时,锁存器的输出 L 随时会根据输入 D 发生变化,造成输出的 L 高电平有宽有窄,并不都是时钟信号的整数倍,有时会窄到被别的电路误判为干扰脉冲的程度。所以,使用锁存器时,一般要求时钟信号有效期间输入 D 不发生变化。

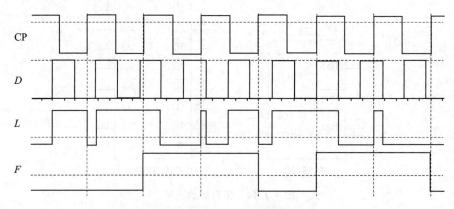

图 3.1.16　D 锁存器和 D 触发器时序图对比

图中 F 为 D 触发器的输出,在图中可以看到,在时钟脉冲 CP 上升沿时,输出 F 随输入 D 发生改变,而其他时间输出都不随输入发生改变,能够消除输入信号的毛刺。因此,触发器抗干扰能力比锁存器强。

(3) 触发器的控制端

常见 D 触发器除了 74LS74 和 74LS175 外,还有 74LS174 和 74LS377 等很多型号。通常,触发器除了时钟信号(CLK 或者 C)输入端、数据输入端和输出端外,还会有一些控制端(即使能端)。比如有 74LS175 的英文名称为 Quad D - Type Flip - Flop With Clear,即有清除端的四 D 触发器,其真值表如表 3.1.8 所列。

表 3.1.8　74LS175 的真值表

输　入			输　出	
Clear	Clock	D	Q	$\overline{Q}$
0	$\times$	$\times$	0	1
1	↑	1	1	1
1	↑	0	0	1
1	0	$\times$	Q_0	$\overline{Q_0}$

　　清除端有时也称为清零端或复位端,该端输入信号有效时,触发器输出被置 0。74LS175 的清除端 Clear 低电平有效,而且优先级别高于 Clock(时钟信号),这种清除端也称为异步清除端,这里的"异步"是指不受时钟信号控制。表中最后一行表示了在清除端和时钟信号均无效的情况下,触发器执行记忆功能。清除端有时也称为清零端或复位端。

　　图 3.1.17 为 74LS175 的逻辑符号,在图中可以看到,清除端"~CLR"表示 $\overline{\text{CLR}}$;方框外侧有半三角的箭头,表示该端子输入低电平有效。

4. JK 触发器

　　JK 触发器是功能最全的基本记忆单元,其功能表如表 3.1.9 所列。JK 触发器除了具有 SR 锁存器的记忆、置 0 和置 1 功能外,还具有翻转(取非)功能,当触发器为 0 状态时,翻转后会变成 1 状态;当触发器为 1 状态时,翻转后会变成 0 状态。除功能表中的记忆功能外,JK 触发器也和 D 触发器具有相同的记忆功能,

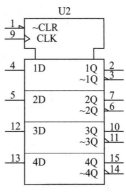

图 3.1.17　74LS175 的符号

就是在时钟信号无效时,JK 触发器处于记忆状态,具有记忆功能;当时钟信号有效时,执行表 3.1.9 中的各项功能。

表 3.1.9　JK 触发器功能表

J	K	Q^{n+1}	$\overline{Q^{n+1}}$	功　能
0	0	Q^n	$\overline{Q^n}$	记忆
0	1	0	1	置 0
1	0	1	0	置 1
1	1	$\overline{Q^n}$	Q^n	翻转

　　JK 触发器的特征方程为

$$Q^{n+1} = J \cdot \overline{Q^n} + \overline{K} \cdot Q^n$$

在时钟信号有效时,输出 Q 的次态按照特征方程发生变化。

JK 触发器的状态转换图如图 3.1.18 所示。

JK 触发器的逻辑符号如图 3.1.19 所示,图中时钟信号 C1 的有效边沿为上升沿。

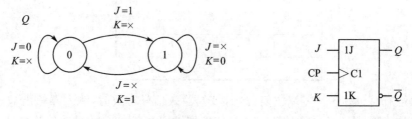

图 3.1.18　JK 触发器状态转换图　　　图 3.1.19　JK 触发器逻辑符号

JK 触发器的时序图如图 3.1.20 所示,图中时钟信号 CLK 的有效边沿为下降沿。

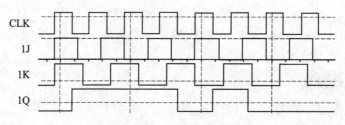

图 3.1.20　JK 触发器时序图

常用 JK 触发器型号有 74LS73、74LS112、74LS107、74LS109、74LS113 等。

3.1.4　状态机

1. 有限状态机

有限状态机(Finite - State Machine,FSM),又称有限状态自动机,简称状态机(State Machine,SM),是表示有限个状态以及在这些状态之间的转移和动作等行为的数学模型。有限状态自动机在很多领域中都很重要,比如电子工程、语言学、计算机科学、哲学、生物学、数学和逻辑学。

在数字电路系统中,有限状态机就是时序逻辑电路。引入状态机概念对数字系统的设计具有十分重要的作用,状态机是大型电子设计的基础,在处理实时的、逻辑复杂的事件中表现出了自身的优越性。后续课程可编程逻辑器件(FPGA/CPLD)的学习中也会用到状态机的概念。

有限状态机由一定数目的状态和相互之间的转移构成,任何时候只能处于给定数目状态中的一个。它以一种事件驱动的方式工作,当接收到一个事件时,状态机产生一个输出,同时也可能伴随着状态的转移。要注意的是:状态不是孤立的,是会互相转化的;转化遵守两个原则:转化本身的逻辑性(特定的次态)和转化的外界因素(条件)。

通过对状态机的逻辑因果关系进行分析,可以将其归纳为 4 个要素,即现态、条件、动作、次态。其中,"现态"和"条件"是原因,"动作"和"次态"是结果。分别介绍如下:

> 现态:是指当前所处的状态。
> 条件:又称为"事件",当一个条件被满足时,则会触发一个动作,或者执行一次状态的迁移。
> 动作:条件满足后执行的动作。动作执行完毕,则可以迁移到新的状态,也可以仍旧保持原状态。动作不是必需的,当条件满足后,也可以不执行任何动作,直接迁移到新状态。
> 次态:条件满足后要迁往的新状态。"次态"是相对于"现态"而言的,"次态"一旦被激活,就转变成新的"现态"了。

因为有限状态机具有有限个状态,所以可以在实际的工程上实现。但这并不意味着其只能进行有限次的处理,相反,有限状态机是闭环系统,可以无限循环下去。使用状态机设计电路具有以下一些优点:

> 可以将复杂的过程简单化;
> 可以完成复杂的过程表达;
> 表达严谨,无二义性;
> 容易用可编程逻辑器件实现状态机;
> 容易构成同步时序模块;
> 适合于高速电路设计。

状态机主要分为两大类:第一类,若输出只和状态有关而与输入无关,则称为摩尔(Moore)状态机;第二类,输出不仅和状态有关而且和输入有关系,则称为米利(Mealy)状态机。要特别注意的是,因为米利状态机和输入有关,输出会受到输入的干扰,所以可能产生窄脉冲或毛刺。

摩尔状态机也可以有输入变量,但是输入变量只改变状态的转换(迁移)方向,而不改变输出,当前的状态(现态)唯一决定了状态机的输出。摩尔状态机的比较简单,具有以下一些特点:

> 在时钟跳变后的有限个门电路延迟后,输出达到稳定值;
> 输出会在一个完整的时钟周期内保持稳定;
> 输入对输出的影响要到下一个时钟周期才能反映;
> 输入、输出之间有隔离。

米利状态机的输出信号与状态机的现态、当前的输入信号都有关系,所以具有以下一些特点:

> 输出信号是在输入变化后立即发生变化;

> 输入变化可能出现在时钟周期内的任何时候；
> 对输入的响应比摩尔状态机早，最多可达一个时钟周期。

2. 时序逻辑电路设计方法

时序逻辑电路设计基本等同于状态机设计，其中最关键的是状态转换图的梳理工作。在开始设计之前，一定要确定输入和输出信号，把电路有几个状态以及状态之间的转换原则梳理清晰。

时序逻辑电路设计的主要步骤为：

① 根据设计要求整理出状态转换图；

② 将状态转换图转换为状态转换表；

③ 将状态转换表转换为状态方程；

④ 根据状态方程得到驱动方程；

⑤ 根据驱动方程画出电路图；

⑥ 仿真；

⑦ 安装调试。

在由状态转换图转换为状态转换表时有两种方法，一种是指定无效状态的次态，这样可以保证能够自启动；另一种是将无效状态按照无关项处理，然后检查化简后的设计能否自启动，如果不能自启动再进行相应修改。一般前者的表达式略复杂，而后者设计过程略复杂，实际应用中一般采用后者。

在由状态方程得到驱动方程时，主要采用比较法。根据采用的触发器类型，将触发器的特征方程与状态方程进行比较，一般简单的状态方程采用 D 触发器，复杂的状态方程采用 JK 触发器，这样能简化电路图、降低成本。

3. 时序逻辑电路分析方法

对时序电路和组合电路分析一样，都是逆向工程的一部分，对于学习数字电子技术有很大帮助。类似的，对时序电路分析也有实验法和理论法两种方法。实验法是对时序电路板输入端施加各种信号，在输出端测量输出波形，根据波形图的对应逻辑关系可以直接得到状态转换图，然后进行功能分析。也可以采用专门的逻辑电路分析仪辅助分析。

理论法是根据电路板的器件型号和连接情况绘制出电路图，然后由电路图写出逻辑表达式，从而进一步得到状态转换图，再进行功能分析。如果已经获得电路图，理论法的主要分析步骤是：

① 分析电路组成，写出驱动方程。

根据给定电路，写出驱动方程。异步时序电路还要写出时钟方程，如果电路中有组合电路，则需要写出输出方程。

② 根据驱动方程写出状态方程。

将驱动方程代入触发器特征方程，求出状态方程。

③ 将状态方程转换为状态转换表。

④ 将状态转换表转换为状态转换图。

⑤ 根据状态转换图说明功能。

根据状态转换图中有几个状态循环确定能否自启动,根据有效循环的状态数量说明是否为递增计数器或递减计数器,以及状态机(计数器)的模(计数长度、进制数)等功能。

3.1.5　计数器

1. 计数器逻辑描述

统计输入脉冲个数的过程叫计数,能够完成计数工作的数字电路称为计数器。

计数器是一种状态机,内部由触发器构成;一个触发器可以记两个状态,故 n 个触发器组成的计数器可以累加计数的最大数目为 2^n 个。一个计数器可以累加计数的数目,称为计数器的模(M),也称为计数器的计数长度。

由于状态机是有限个状态的封闭循环,所以,可以把状态机当作计数器。由于状态机的状态之间不是连续的计数,一般称为广义计数器。常用的计数器一般是指对输入脉冲进行连续计数的时序电路,连续计数是指其状态按照二进制数递增(+1)或递减(−1)。在计数器的状态位中总是用下标 0 代表最低位(LSB)。

计数器本身在计数过程中,除被计数的输入脉冲之外,不需要其他任何输入信号,而被计数的输入脉冲一般当作内部触发器的时钟信号,不认为是输入信号,所以,计数器在计数过程中被认为没有(不需要)输入信号,可以认为计数器就是摩尔状态机。很多集成计数器具有异步清零端等扩展输入端,输出随时受到输入的影响,这样的计数器就是米利状态机。

2. 分　类

按照电路结构,计数器可以分为异步计数器和同步计数器。异步计数器内部各个触发器的时钟信号(CP)不是同一信号,各个输出端的动作不是同时做出的,会分先后,有不同的时延。同步计数器内部各个触发器的时钟输入端(CLK)都直接连接在一起,时钟信号均为同一信号,各个输出端的动作统一控制在时钟信号之下。

按照计数方式,计数器可以分为加法计数器、减法计数器和可逆计数器。加法计数器的状态随输入脉冲按照二进制数递增。减法计数器的状态随输入脉冲按照二进制数递减。可逆计数器一般具有加减计数控制端,在其控制下,既可以进行加计数,也可以进行减计数。

按照计数长度(计数器的模)来分,一般分为二进制计数器、十进制计数器和任意进制计数器。这种分类是粗糙的和模糊的,计数器内部都是时序逻辑电路,输出全是 0 和 1 的组合,广义的计数器就包括这些组合按照特殊代码方式排列、无序排列等情况,其实,无序排列的状态也可以认为是特殊代码。二进制计数器是指其输出按照二进制计数规律计数,计数长度为 2^n 的计数器,一般称为 n 位二进制计数器。十进制计数器是按照二进制计数规律从 $(0000)_2$ 计到 $(1001)_2$ 的计数器。

3. 应 用

计数器是现代数字系统中不可缺少的组成部分,不仅可用来对脉冲计数,而且广泛用于分频、定时、延时、顺序脉冲发生和数字运算等电路中,如经常能在各种数字仪表(万用表、测温表)、工业控制设备和数字钟表等设备中找到计数器。

如果已有脉冲频率较高,希望得到频率较低的脉冲,则可以使用分频器。新脉冲的频率是原脉冲频率的几分之一,就叫几分频。比如,从已有 10 kHz 脉冲信号中分频得到 5 kHz 信号,就是二分频;要得到 1 kHz 信号就需要十分频。计数器计够若干个时钟脉冲就会产生输出脉冲,所以计数器本身就是分频器,几进制计数器就是对时钟脉冲几分频的分频器。

单个触发器可以构成一位的二进制计数器,也相当于二分频的分频器。4 位二进制计数器的最低位对时钟脉冲二分频,次低位四分频,次高位八分频,最高位十六分频。

4. 集成计数器使用

由于计数器应用广泛,需求量大,所以集成计数器很常见。集成计数器中,常用异步十进制计数器有 74LS196、74LS290,异步 4 位二进制计数器有 74LS177、74LS197、74LS293、74LS393 等,同步十进制计数器有 74LS160、74LS162,同步十进制可逆计数器有 74LS168、74LS190、74LS182 等,同步 4 位二进制计数器有 74LS161、74LS163,同步 4 位二进制可逆计数器有 74LS169、74LS191、74LS193 等。

(1) 异步二、五、十进制计数器 74LS290

74LS290 是一种典型的异步集成计数器,既可以实现二进制计数,也能实现五进制计数,通过外部连线还可以实现十进制,使用灵活方便。

表 3.1.10 为 74LS290 的功能表,图 3.1.21 为其逻辑符号。

表 3.1.10 74LS290 功能表

输 入				输 出	
$R_{01}R_{02}$	$R_{90}R_{91}$	INA	INB	$Q_DQ_CQ_BQ_A$	功能
1	0	×	×	0000	清零
0	1	×	×	1001	置9
0	0	↓	×	Q_A+1	计数
0	0	×	↓	$Q_DQ_CQ_B+1$	计数

通过功能表和逻辑符号可知,R_{01}、R_{02} 为异步清零端,如果 $R_{01}R_{02}=1$(即两者同时为 1),则输出被清零;R_{91}、R_{92} 为异步置 9 端,如果 $R_{91}R_{92}=1$(即两者同时为 1),

则输出被置为$(1001)_2$,即十进制的 9。当异步清零端和异步置 9 端都无效时,输出 Q_A 对 INA 下降沿进行递增计数,输出 $Q_D Q_C Q_B$ 对 INB 下降沿进行递增计数,这两个计数可以同时进行,并不互相干扰。异步清零端和异步置 9 端不应同时有效。

第一个计数器内部只有一个触发器,所以输出 Q_A 对 INA 下降沿的递增计数是二进制计数(有 0 和 1 这两个状态)。第二个计数器内部有 3 个触发器,输出 $Q_D Q_C Q_B$ 对 INB 下降沿的递增计数实现了五进制计数(从 000～100 共 5 个状态)。将二进制的输出(Q_A)连接到五进制计数器($Q_D Q_C Q_B$)的时钟输入 INB,二进制的时钟输入 INA 和 $Q_D Q_C Q_B Q_A$ 就构成了十进制计数。

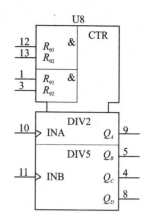

图 3.1.21　74LS290 符号

(2)同步十进制计数器 74LS160

同步十进制计数器 74LS160 是典型的同步计数器,与其类似的还有 74LS161,两者引脚排列和使用方法都相同,唯一的区别是 74LS161 是 4 位二进制计数器,其计数长度为 16。

74LS160 的功能表如表 3.1.11 所列,逻辑符号如图 3.1.22 所示。

表 3.1.11　74LS160 功能表

$\overline{\text{CLR}}$	$\overline{\text{LOAD}}$	ENT	ENP	CLK	D	C	B	A	$Q_D Q_C Q_B Q_A$
			输　入						输　出
0	×	×	×	×	×	×	×	×	0000
1	0	×	×	↑	d_3	d_2	d_1	d_0	$d_3 d_2 d_1 d_0$
1	1	1	1	↑	×	×	×	×	计数
1	1	×	0	×	×	×	×	×	保持
1	1	0	×	×	×	×	×	×	保持

74LS160 具有异步清零端 $\overline{\text{CLR}}$,低电平有效。预置数端 $\overline{\text{LOAD}}$,也是低电平有效,预置数时需要时钟上升沿配合,是同步预置数。平时计数器在计数状态下是不需要输入信号配合的,计数器只是在计时钟脉冲的个数,与输入端 D、C、B、A 无关;但是在预置数状态下,计数器停止计数,输出等于输入,即 $Q_D \cdot Q_C \cdot Q_B \cdot Q_A = d_3 \cdot d_2 \cdot d_1 \cdot d_0$。在预置数完毕后,如果进入计数状态,则输出在预置数的状态 $d_3 d_2 d_1 d_0$ 基础上进行递增计数。预置数端(LOAD)有时缩写为 LD。

74LS160 还有两个保持功能的控制端 ENT 和 ENP,也是低电平有效,异步控制,但是优先级别低于清零端和预置数端。

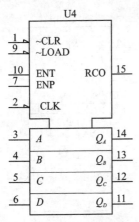

图 3.1.22　74LS160 逻辑符号

74LS160 还具有进位输出端 RCO,该端平时输出 0,只有当输出 $Q_DQ_CQ_BQ_A=1001$ 时 RCO$=1$,逻辑表达式为 RCO$=Q_D \cdot \overline{Q_C} \cdot \overline{Q_B} \cdot Q_A$。

(3) 集成计数器的级联应用

当计数器的计数长度(模)不够时,可以采用级联的方式进行扩展。级联后的总计数长度为各级计数器计数长度的乘积,即:

$$N = N1 \times N2 \times \cdots$$

由于集成计数器大多具有进位输出端和保持功能控制端,集成计数器级联一般有两种连接方式:异步方式和同步方式。

异步方式时,将时钟脉冲信号接至最低位计数器的时钟脉冲输入端,把低位计数器的进位脉冲(递减计数为借位脉冲)输出作为高位计数器的时钟信号输入。这种方式需要注意低位计数器的进位脉冲(或借位脉冲)的脉冲是正脉冲(原变量)还是负脉冲(反变量),在真正进位(或借位)时,其跳变的边沿是上升沿还是下降沿,与高位计数器的时钟脉冲有效边沿是否一致,如果相同,可以直接将低位计数器的进位(或借位)输出端连接到高位计数器的时钟输入端;如果相反,需要将低位计数器的进位(或借位)输出信号经过非门(反相器)再连接到高位计数器的时钟输入端。

同步方式时,将各个集成计数器的时钟输入端都连接在一起,同时接通时钟脉冲信号,把低位计数器的进位脉冲(递减计数为借位脉冲)输出作为高位计数器的保持功能控制信号,令高位计数器在低位计数器产生进位时对时钟脉冲计数。这种方法也需要注意低位计数器输出的进位脉冲(或借位脉冲)是正脉冲还是负脉冲,与高位计数器控制输入端所需电平是否一致,如果不一致,则需要通过非门取反。

5．反馈法构成任意进制计数器

现实生活中有很多场合需要不同进制的计数器,比如,每分钟有 60 秒,分钟对秒计数需要 60 进制;每天有 24 小时,需要 24 进制计数器;每星期有 7 天,需要 7 进制计数器;每年有 12 个月,需要 12 进制计数器等。集成计数器、集成计数器进行简单级联都不能满足需求,这时可以使用反馈法构成需要的计数长度。

采用级联法能增加计数器计数长度,反馈法能减小计数器计数长度,两者结合可以构成任意进制计数器。反馈法分为反馈归零法和反馈置位法两种,可以根据集成计数器的扩展功能端子情况和使用需要进行选用。下面采用典型十进制集成计数器 74LS160 介绍反馈法,首先介绍反馈归零法。反馈归零法也可称为反馈清零法、反馈复位法。

74LS160 的状态转换图如图 3.1.23 所示,图中没有画出无效状态,74LS160 能够自启动。74LS160 在计数时自动对输入时钟脉冲计数,状态按照图 3.1.23 中的箭头方向自动转换。如果每次循环到 0111 状态时都通过清零端(CLR)将计数器清零,则计数器永远也执行不到 1000 和 1001 这两个状态;这两个状态就变成了无效状态,有效状态变成了 8 个,这样,十进制计数器就变成了八进制计数器,如图 3.1.24 所示。图 3.1.24 中实线箭头表示集成计数器自身固有状态转换方向,虚线箭头表示需要外界施加的状态转换方向。

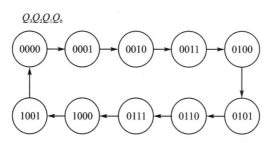

图 3. 1. 23 74LS160 的状态转换图

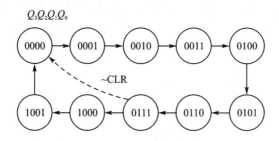

图 3. 1. 24 反馈法改变计数长度

74LS160 是异步复位(清零),如果直接用状态 0111 去清零。当 0111 状态出现后,经过一个很短的延时(反馈路径所需延时),复位清零端有效,输出端立刻被清零,0111 状态不复存在(变成了 0000 状态);所以 0111 状态存在的时间会非常短,远远小于时钟脉冲周期,而且脉冲宽度不可控,不算作正常的工作状态。一般数字电路的最小时间单位就是时钟脉冲周期,脉冲宽度小于时钟周期的窄脉冲会被当作干扰信号抑制掉,这里只是利用这个窄脉冲完成自动状态转换,这个状态被称为暂态。

异步复位(清零)的集成电路在用反馈归零法构成计数器时,一定要把最后一个有效状态后面的状态当成暂态去反馈归零。因为反馈归零法每次都是从 0 开始计数,若要构成 N 进制计数器,则需要把状态 N 当成暂态去控制反馈清零。如图 3.1.25 所示,图中有效状态为实线圆圈,暂态为虚线圆圈,实线箭头为集成计数器原有状态转换路径,虚线为实际暂态转换路径,点画线为有效状态转换路径。

如果是同步复位的集成计数器,则没有暂态;如果要构成 N 进制计数器,则直接用状态(N-1)控制反馈清零即可。

反馈置位法也称为反馈预置数法。反馈置位法的原理与反馈归零法的原理类似,也是利用反馈去改变状态转换路径,减少有效状态数,使有效状态数满足要求,从

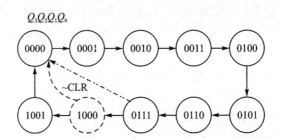

图 3.1.25   74LS160 的异步清零反馈

而实现计数长度的改变。两者不同之处主要在于,反馈归零法每次计数都是从 0 状态开始,而反馈置位法每次计数的开始状态可以根据需求进行设置,使用更为灵活;另一个区别是,常见集成计数器中,复位(清零)功能以异步复位(清零)为多数,预置数中,同步预置数的较多。

异步预置数的集成计数器有暂态,74LS160 为同步预置数,没有暂态。若要实现从 0001 到 1000 的八进制计数,则 74LS160 的数据输入端 DCBA = 0001,用状态 1000 去控制预置数,如图 3.1.26 所示。图中实线箭头表示集成计数器自身固有状态转换方向,虚线箭头表示需要外界施加的状态转换方向。

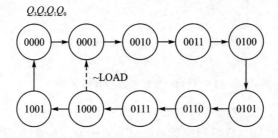

图 3.1.26   74LS160 的同步预置数反馈

根据复位或者预置数是否异步确定有无暂态,之后需要解决如何用输出的特定状态去反馈清零或者预置数。因此,需要设计一个电路,该电路的输入信号为计数器的状态,输出信号为控制清零或预置数的信号。

假设采用异步清零的方法,74LS160 的清零信号需要低电平,则可以列出真值表,如表 3.1.12 所列。列真值表时,首先,不用管计数器固有无效状态(如十进制计数器的 1010~1111 各状态),因为集成计数器能够自启动,可以自动进到有效状态循环中来。其次,修正状态转换图之后,不用管无效状态(如八进制计数器中的状态 1001),因为采用反馈之后该状态变成了无效状态,工作时不可能遇到这些无效状态;如果启动时遇到这些状态,则集成计数器会按照原有状态转换图(由集成电路内部电路决定)实现自启动。

表 3.1.12　反馈清零真值表

输　入					输　出
CP	Q_D	Q_C	Q_B	Q_A	$\overline{\text{CLR}}$
0	0	0	0	0	1
1	0	0	0	1	1
2	0	0	1	0	1
3	0	0	1	1	1
4	0	1	0	0	1
5	0	1	0	1	1
6	0	1	1	0	1
7	0	1	1	1	1
8	1	0	0	0	0
9	1	0	0	1	×
其余	×	×	×	×	×

根据真值表写出反馈表达式

$$\text{CLR} = Q_D$$

由于 74LS160 清零输入端为 $\overline{\text{CLR}}$，所以

$$\overline{\text{CLR}} = \overline{Q_D}$$

根据反馈表达式绘制出电路图，如图 3.1.27 所示。

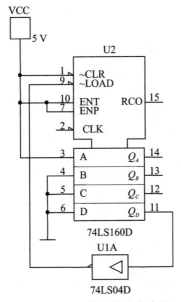

图 3.1.27　反馈归零法电路图

前述求解反馈表达式的过程可以归结为:寻找反馈状态与前面各有效状态的区别,也就是如何区别开前面的有效状态和反馈状态。一般可以通过观察的方法,如1000 和前面各状态的区别是最高位为 1,则只要 $Q_D = 1$ 就令计数器清零。再比如,假设用 0101 反馈,则 0101 与前面各状态的区别是 Q_C 和 Q_A 同时为 1,即只要 $Q_D \cdot Q_A = 1$ 就令计数器清零。采用这种方法比采用列真值表求表达式的方法更快捷。

3.2 仿真任务_寄存器

寄存器是用来存放数据的一些小型存储区域,用来暂时存放参与运算的数据和运算结果,被广泛用于各类数字系统和计算机中。其实,寄存器就是一种常用的时序逻辑电路,这种时序逻辑电路只包含存储电路。寄存器的存储电路是由锁存器或触发器构成的,因为一个锁存器或触发器能存储一位二进制数,所以由 N 个锁存器或触发器可以构成 N 位寄存器。工程中的寄存器一般按计算机中字节的位数设计,所以一般有 8 位寄存器、16 位寄存器等。

寄存器中的触发器只要求具有置 1、置 0 的功能即可,因而无论是用 SR 锁存器,还是用 D 触发器或者 JK 触发器,都可以组成寄存器。由于 D 触发器既简单又具备置 1、置 0 功能,所以寄存器一般由 D 触发器组成。寄存器有公共输入/输出使能控制端和时钟信号输入端,一般把使能控制端作为寄存器电路的选择信号,把时钟信号作为数据输入控制信号。

寄存器除了用于数据的临时存储,还常用于以下场合:

① 对数据进行并/串、串/并转换。

② 用作显示数据锁存器:许多设备需要显示计数器的记数值,以 8421BCD 码记数,以七段显示器显示;如果记数速度较高,则人眼无法辨认迅速变化的显示字符。在计数器和译码器之间加入一个锁存器,控制数据的显示时间是常用的方法。

③ 用作缓冲器:存储数据但是不输出数据,在需要时才输出数据。

④ 组成计数器:移位寄存器可以组成移位型计数器,如环形或扭环形计数器。

图 3.2.1 是用 4 个 D 触发器构成的基本寄存器,可以寄存 4 位二进制代码。图中 $\overline{CR}$ 为置 0 输入端,$D_3 \sim D_0$ 为并行数码输入端,$Q_3 \sim Q_0$ 为并行数码输出端。

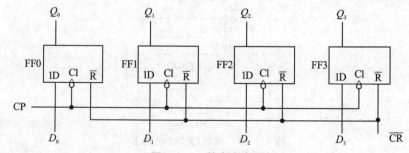

图 3.2.1　基本寄存器

移位寄存器是具有移位功能的寄存器。寄存器只有寄存数据或代码的功能,有时为了处理数据,需要将寄存器中的各位数据在移位控制信号作用下依次向高位或向低位移动 1 位。移位寄存器按数码移动方向分类,有左移、右移、可控制双向(可逆)移位寄存器;按数据输入端、输出方式分类,有串行和并行之分。除了 D 边沿触发器构成移位寄存器外,还可以用诸如 JK 等触发器构成移位寄存器。

　　串行是指在一条信号线上依次传递数据的各个位,类似多个人排队过一座独木桥,用这种方法传递数据耗时较长,但是节省导线,适合远距离传输,一般电话线、网线都是采用串行传输的方式。并行是指用多条信号线同时传递数据的各个位,就好像多个人过河,每人都有自己的独木桥,这种方法耗时短,但是需要多条导线,只适合短距离传输,电脑内部的数据总线、地址总线都是并行传输的方式。

　　数据寄存功能只是移位寄存器的基本功能,移位寄存器经常用于串行/并行转换工作。除此之外,由于二进制数据左移一位相当于乘以 2,右移一位相当于除以 2,所以,移位寄存器还经常用于数据的乘除法运算。

3.3　实操任务_计数器

1. 项目要求

　　利用同步十进制计数器 74LS160 构成八进制计数器,要求计数范围为 1～8,递增计数。

2. 项目分析

　　根据 74LS160 功能表可知,74LS160 为同步预置数,在预置数时没有暂态。若要实现从 $(0001)_2$ 到 $(1000)_2$ 的八进制计数,则 74LS160 的数据输入端 DCBA=0001(计数起点为 0001),用状态 1000 去控制预置数(计数终点为 1000)。

　　设计电路时,按照状态转换图,每次计数都是从 0001 开始,所以只需要找出 1000 与前面几个状态的区别即可。这几个状态依次是 0001、0010、0011、0100、0101、0110、0111,可见,只要 Q_3 是 1 就表示到达了计数终点,利用 $Q_3=1$ 反馈使 74LS160 的 LOAD 脚(9 脚)为低电平就能实现项目要求。

3.4　拓　展

3.4.1　知识拓展

1. 时序电路设计案例

(1) 项目要求

　　设计简易彩灯电路,令 4 个彩灯逐个点亮,直到全亮;然后逐个熄灭,直到全部熄灭,之后再逐个点亮,如此不断循环。

(2) 项目分析

此项目没有输入信号,所以是摩尔状态机。假设 1 为灯亮,0 为灯灭,需要对 4 盏灯进行控制,每个触发器控制一盏灯,需要 4 个触发器,每个触发器有两个状态,共有 16 个状态,其中

> 有效状态:0000、1000、1100、1110、1111、0111、0011、0001;

> 无效状态:0010、0100、0101、0110、1001、1010、1011、1101。

无效状态可以就近归于易化简的有效状态,也可以统一归于一个有效状态,这样可以保证能够自启动。也可以将无效状态按照无关项处理,然后检查化简后的设计能否自启动;如果不能自启动,则须进行相应修改,下面以这种方法进行介绍。

(3) 画出状态转换图

将无效状态当作无关项,只将有效状态连接起来就可以获得状态转换图,如图 3.4.1 所示;该状态转换图并不是完整的最终状态转换图。

$Q_3^n Q_2^n Q_1^n Q_0^n$

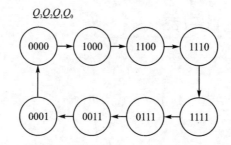

图 3.4.1 有效状态的状态转换图

(4) 转换为状态转换表

将无效状态当作无关项,列出状态转换表,如表 3.4.1 所列;该状态转换表也不是最终的状态转换表,是设计的中间环节。

表 3.4.1 具有无关项的状态转换表

$Q_3^n Q_2^n Q_1^n Q_0^n$	$Q_3^{n+1} Q_2^{n+1} Q_1^{n+1} Q_0^{n+1}$	$Q_3^n Q_2^n Q_1^n Q_0^n$	$Q_3^{n+1} Q_2^{n+1} Q_1^{n+1} Q_0^{n+1}$
0000	1000	1000	1100
0001	0000	1001	××××
0010	××××	1010	××××
0011	0001	1011	××××
0100	××××	1100	1110
0101	××××	1101	××××
0110	××××	1110	1111
0111	0011	1111	0111

(5) 写出逻辑表达式并化简

利用无关项进行化简,可得:

$$Q_3^{n+1}=\overline{Q_0} \qquad Q_2^{n+1}=Q_3 \qquad Q_1^{n+1}=Q_2 \qquad Q_0^{n+1}=Q_1$$

(6) 检查能否自启动

要检查能否自启动,则必须先得到完整的状态转换图,所以要将上一步得到的表达式填入状态转换表中绘制完整状态转换图,以便判断能否自启动。

将表达式填入状态转换表,如表 3.4.2 所列。

表 3.4.2　完整状态转换表

$Q_3^n Q_2^n Q_1^n Q_0^n$	$Q_3^{n+1} Q_2^{n+1} Q_1^{n+1} Q_0^{n+1}$	$Q_3^n Q_2^n Q_1^n Q_0^n$	$Q_3^{n+1} Q_2^{n+1} Q_1^{n+1} Q_0^{n+1}$
0000	1000	1000	1100
0001	0000	1001	0100
0010	1001	1010	1101
0011	0001	1011	0101
0100	1010	1100	1110
0101	0010	1101	0110
0110	1011	1110	1111
0111	0011	1111	0111

绘制表 3.4.2 对应的完整状态转换图,如图 3.4.2 所示。

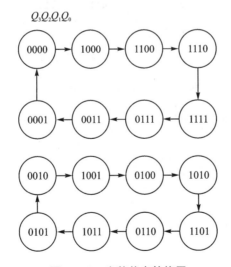

图 3.4.2　完整状态转换图

在图 3.4.2 中,状态转换图有两个状态循环,所以不能自启动。

如果能自启动,则可以直接将第(5)步得到的状态方程与触发器特征方程进行比较,得到驱动方程,从而绘制电路图。

此处不能自启动,需要对状态转换图进行修改,方法是将无效循环中的任意一个状态指向一个有效状态。修改状态转换图后,要再次经过状态转换表列出逻辑表达式并且化简,也就是前述的第(4)步和第(5)步。

原状态是从 0010 到 1001 这样表达式最简,修改时应找 1001 最接近的状态,如0001,这样仅需要修改 Q_3 的表达式,余者不动即可。因此,0010 的次态设定为 0001或者 1000 都是较好的选择。假设修改状态转换图如图 3.4.3 所示。

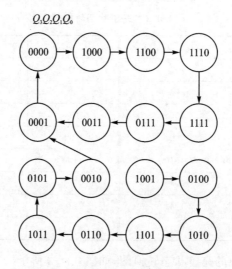

图 3.4.3 修改后的状态转换图

根据图 3.4.3 列出状态转换表,如表 3.4.3 所列。

表 3.4.3 修改后的状态转换表

$Q_3^n Q_2^n Q_1^n Q_0^n$	$Q_3^{n+1} Q_2^{n+1} Q_1^{n+1} Q_0^{n+1}$	$Q_3^n Q_2^n Q_1^n Q_0^n$	$Q_3^{n+1} Q_2^{n+1} Q_1^{n+1} Q_0^{n+1}$
0000	1000	1000	1100
0001	0000	1001	××××
0010	0001	1010	××××
0011	0001	1011	××××
0100	××××	1100	1110
0101	××××	1101	××××
0110	××××	1110	1111
0111	0011	1111	0111

根据表 3.4.3 写出逻辑表达式,并进行化简可得:

$$Q_3^{n+1}=\overline{Q_1} \cdot \overline{Q_0}+Q_2\overline{Q_0}$$

$$Q_2{}^{n+1}=Q_3$$

$$Q_1{}^{n+1}=Q_2$$

$$Q_0{}^{n+1}=Q_1$$

（7）根据触发器类型写出驱动方程

假设使用 D 触发器，其特征方程为

$$Q^{n+1}=D$$

对比 D 触发器特征方程和状态方程，容易得到驱动方程：

$$D_3=\overline{Q_1} \cdot \overline{Q_0}+Q_2\overline{Q_0}$$

$$D_2=Q_3$$

$$D_1=Q_2$$

$$D_0=Q_1$$

（8）画出电路图

根据驱动方程很容易画出电路图，采用 D 触发器的电路图如图 3.4.4 所示。

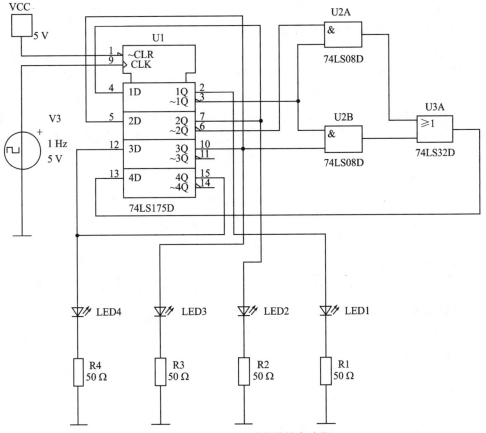

图 3.4.4　采用 D 触发器的电路图

(9)测试电路

根据图 3.4.4 进行仿真可知,能够实现项目设计要求。仿真时,刚启动仿真的瞬间,电路状态是随机的,经过有限个状态可以进入到有效状态循环中,证明其能够自启动。

2. 时序电路分析案例

分析如图 3.4.5 所示电路逻辑功能,说明能否自启动。

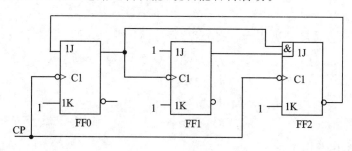

图 3.4.5 电路图

步骤如下:

(1)分析电路,写驱动方程和输出方程

由图 3.4.5 可知,触发器 FF1 的 CP 时钟脉冲信号并不取自外加 CP 信号,而是将前级 FF0 的输出信号 Q 作为它的时钟脉冲信号。所以,这是一个异步时序逻辑电路。图中有 3 个 JK 触发器,时钟下降沿动作,有一个输出端,没有输入信号。

分析异步时序逻辑电路,在列方程时,要将触发器的时钟方程考虑在内。注意各触发器的 CP 端是否有 CP 时钟信号所需要的跳变沿,只有当跳变沿到达时,相应的触发器才能变化,否则触发器将保持原状态不变。

时钟方程为

$CP_0 = CP_2 = CP$;　　　　FF0 和 FF2 由外加 CP 下降沿触发

$CP_1 = Q_0$;　　　　　　　FF1 由 Q_0 下降沿触发

驱动方程为

$J_0 = \overline{Q_2^n}$　　$J_1 = 1$　　$J_2 = Q_1^n Q_0^n$

$K_0 = 1$　　$K_1 = 1$　　$K_2 = 1$

(2)求状态方程

将驱动方程代入 JK 触发器的特征方程可得状态方程。

JK 触发器特征方程:$Q^{n+1} = J\overline{Q^n} + \overline{K}Q^n$

状态方程为

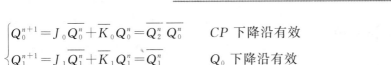

$$\begin{cases} Q_0^{n+1} = J_0\overline{Q_0^n} + \overline{K_0}Q_0^n = \overline{Q_2^n}\,\overline{Q_0^n} & CP \text{ 下降沿有效} \\ Q_1^{n+1} = J_1\overline{Q_1^n} + \overline{K_1}Q_1^n = \overline{Q_1^n} & Q_0 \text{ 下降沿有效} \\ Q_2^{n+1} = J_2\overline{Q_2^n} + \overline{K_2}Q_2^n = \overline{Q_2^n}Q_1^nQ_0^n & CP \text{ 下降沿有效} \end{cases}$$

（3）将状态方程转换为状态转换表

填表时要注意时钟条件，如表 3.4.4 所列。

表 3.4.4　状态转换表

现　　态			次　　态			对应 CP 状态		
Q_2^n	Q_1^n	Q_0^n	Q_2^{n+1}	Q_1^{n+1}	Q_0^{n+1}	CP2	CP1	CP0
0	0	0	0	0	1	↓	↑	↓
0	0	1	0	1	0	↓	↓	↓
0	1	0	0	1	1	↓	↑	↓
0	1	1	1	0	0	↓	↓	↓
1	0	0	0	0	0	↓	0	↓
1	0	1	0	1	0	↓	↓	↓
1	1	0	0	1	0	↓	0	↓
1	1	1	0	0	0	↓	↓	↓

（4）由状态转换表转换为状态转换图

状态转换图如图 3.4.6 所示。

（5）分　　析

由图 3.4.6 可知，该电路具有自启动能力，是异步五进制计数器。

（6）画出电路时序图

假设电路的初始状态为 $Q_2Q_1Q_0 = 000$，画出各触发器状态和输出 Y 的波形如图 3.4.7 所示。

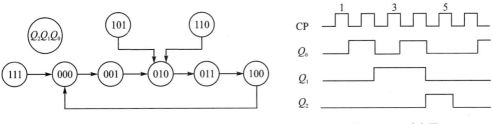

图 3.4.6　状态转换图　　　　　　图 3.4.7　时序图

3.4.2 任务拓展

1. 项目要求

图 3.4.8 为同步 4 位二进制计数器 74LS161 构成的电路,试分析其逻辑功能。

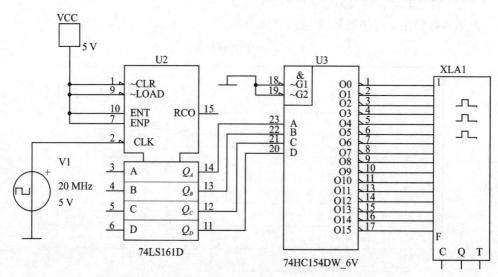

图 3.4.8 同步 4 位二进制计数器 74LS161 构成的电路

2. 项目分析

74LS393 是异步 4 位二进制计数器,74HC154 是 4 线-16 线译码器。本项目可以采用两种分析思路,一种思路是理论分析,查找集成电路数据手册,根据集成电路功能和真值表写表达式并化简,得到其整体真值表和逻辑功能。另一种思路是采用实验的方法,比如仿真或者直接用实际电路测试,通过测试出的时序图波形得到总体真值表,从而分析其逻辑功能。

图 3.4.9 为图 3.4.8 电路仿真波形,可见,其逻辑功能为序列脉冲发生器。

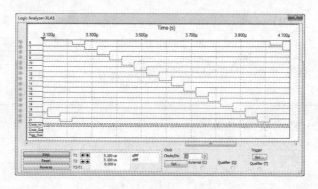

图 3.4.9 仿真波形

3.5　本章小结

知识小结

时序电路的特点是:在任何时刻的输出不仅和输入有关,而且还决定于电路原来的状态。为了记忆电路的状态,时序电路必须包含存储电路。存储电路通常由以触发器为基本单元的电路构成。

时序电路可分为同步时序电路和异步时序电路两类。它们的主要区别是,前者的所有触发器受同一时钟脉冲控制,而后者的各触发器则受不同的脉冲源控制。

时序电路的逻辑功能可用逻辑图、状态方程、状态表、卡诺图、状态图和时序图 6 种方法来描述,它们在本质上是相通的,可以互相转换。

时序电路的分析就是由逻辑图到状态图的转换。

寄存器是用来存放二进制数据或代码的电路,是一种基本时序电路。任何现代数字系统都必须把需要处理的数据和代码先寄存起来,以便随时取用。

寄存器分为基本寄存器和移位寄存器两大类。基本寄存器的数据只能并行输入、并行输出。移位寄存器中的数据可以在移位脉冲作用下依次逐位右移或左移,数据可以并行输入、并行输出,串行输入、串行输出,并行输入、串行输出,串行输入、并行输出。

寄存器的应用很广,特别是移位寄存器,不仅可将串行数码转换成并行数码,或将并行数码转换成串行数码,还可以很方便地构成移位寄存器型计数器和顺序脉冲发生器等电路。

计数器是一种应用十分广泛的时序电路,除用于计数、分频外,还广泛用于数字测量、运算和控制;从小型数字仪表,到大型数字电子计算机,几乎无所不在,是任何现代数字系统中不可缺少的组成部分。

计数器可利用触发器和门电路构成,但在实际工作中,主要是由集成计数器构成。

在用集成计数器构成 N 进制计数器时,需要利用清零端或预置数控制端,让电路跳过某些状态来获得 N 进制计数器。

时序逻辑电路的主要设计步骤为:

① 进行逻辑抽象,获得电路的状态转换图、状态转换表;

② 进行状态化简和分配;

③ 检查电路自启动能力;

④ 根据要求,选定触发器类型,求出相应方程组;

⑤ 求出具体逻辑电路图。

同步时序逻辑电路的主要分析步骤为:

① 写出各类方程式(组),主要包括以下 3 种方程:

a. 驱动方程; b. 状态方程; c. 输出方程;

② 列状态转换真值表,画出状态转换图;

③ 检查电路自启动能力;

④ 画出电路时序图;

⑤ 电路逻辑功能的分析确定。

技能小结

检测触发器好坏时,需要根据功能表设定输入变量后给出 CLK 信号,输出才会变化,需要注意 CLK 的有效边沿;

检测锁存器的好坏需要注意是否有门控信号,如果有门控信号,则需要注意门控信号的有效电平;

必须注意锁存器与触发器在使用上的差异;

掌握异步清零端和异步置位端的使用方法,注意其有效电平;

使用寄存器时,注意左移和右移的方向,了解串行和并行的区别;

计数器有递增、递减和可逆 3 种,要会利用清零控制端和置位控制端进行反馈清零、反馈置位应用,会利用进位(借位)输出端进行级联应用;

安装较复杂的时序逻辑电路时要注意在电路图上及时标注记号;

项目完成时要及时记录整理相关数据和资料,尽快完成技术报告,以免忘记或遗漏。

3.6　思考与提高

1. 逻辑思维训练:

有人说:"不到小三峡,不算游三峡,不到小小三峡,白来小三峡。"

根据这句话,最有可能推出的结论是( )。

A. 游三峡,只要到小三峡就可以了

B. 游三峡,只要到小小三峡就可以了

C. 游三峡,最令人陶醉的是小小三峡

D. 游三峡,应先游小小三峡

E. 不游大小三峡,也可领略三峡之美

2. 查找集成 SR 锁存器 74LS279 英文数据手册中的真值表和注释,并将其翻译为中文。

3. 设计一个串行数据 1111 序列检测器。连续输入 3 个或 3 个以上个 1 时,输出 F 为 1,否则 F 为 0。例如:

输入 1011001110111110

输出 000000001000110

提示:根据题意该电路只有一个输入端 X,检测结果为 1 或者为 0,故也只有一个输出端 F。设计 5 个状态,令:

S0:没输入 1 以前的状态;

S1:输入一个 1 后的状态;

S2:连续输入两个 1 以后的状态;

S3:连续输入 3 个或 3 个以上的 1 之后的状态。

画出状态转换图,然后进行设计。

4. 设计一个按自然顺序变化的 7 进制同步加法计数器,计数规则为"逢 7 进 1",产生一个进位输出。

5. 试用同步 4 位二进制计数器 74LS161 构成 13 进制计数器。

6. 试用两片同步十进制计数器 74LS160 构成 66 进制计数器。

7. 请分析图 3.6.1 所示逻辑电路功能。

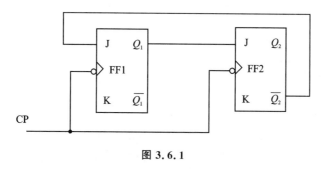

图 3.6.1

8. 分析图 3.6.2 的逻辑功能。

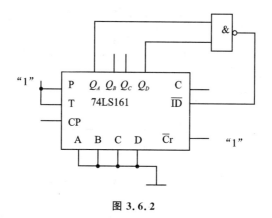

图 3.6.2

9. 分析如图 3.6.3 所示电路功能,假设触发器初始状态为 0,请绘制出输出 Q 的波形图。注:图中触发器为 TTL 类型,输入端悬空相当于输入高电平,FF1 有 J=K=1。

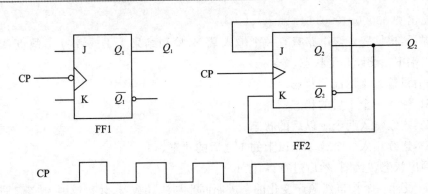

图 3.6.3

10. 设计一个状态机,有效状态按照 1111、0111、1011、1101、1110、0000、1000、0100、0010、0001 依次转换,其余状态均为无效状态,要求能够自启动。设计完毕后进行仿真验证。

3.7　本章习题

一、单选题

1. 下列电路中,常用于数据串并行转换的电路为(　　)。

A. 加法器　　　B. 计数器　　　C. 移位寄存器　　　D. 数值比较器

2. 图 3.7.1 电路中,正确的输出波形 u_o 是(　　)。

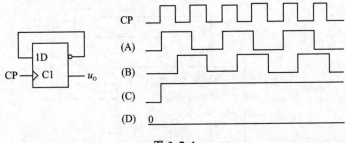

图 3.7.1

3. 图 3.7.2 为 RS 锁存器,如果 $\overline{S_D}=\overline{R_D}=1$,则 Q 的状态应为(　　)。

A. 0　　　　　B. 1　　　　　C. 保持　　　　　D. 不定

4. 下列电路中,不属于时序逻辑电路的是(　　)。

A. 计数器　　　B. 移位寄存器　　　C. 译码器　　　D. 顺序脉冲发生器

5. 图 3.7.3 电路中,正确的输出波形 Q 是(　　)。

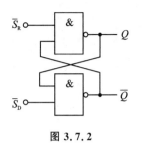
图 3.7.2

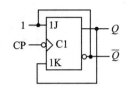

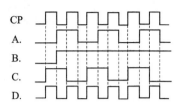
图 3.7.3

二、填空题

1. 输出状态不仅取决于该时刻的输入状态,还与电路原先状态有关的逻辑电路,称为_____。

2. 构成 2^n 进制加法计数器至少需要_____个触发器。

3. 同步时序逻辑电路中所有触发器的时钟端应_____。

4. 一个 4 位移位寄存器,经过_____个时钟脉冲 CP 后,4 位串行输入数码全部存入寄存器。

5. 计数器通常分为加法计数器、_____和可逆计数器。

三、判断题

1. 具有 N 个独立的状态,计满 N 个计数脉冲后,状态能进入循环的时序电路,称为模 N 计数器。(　　)

2. 时序电路中没有反馈,也没有记忆单元。(　　)

3. JK 触发器具有保持、置 0、置 1、翻转(计数)4 种功能。(　　)

4. 寄存器是组合电路,移位寄存器是时序电路。(　　)

5. 当计数器的模不够大时,可以把多个计数器级联实现模的增大。(　　)

四、分析图 3.7.4 为几进制计数器。要求列出状态转换表并画出工作波形,设 $Q_0 \sim Q_3$ 的初态为零态。

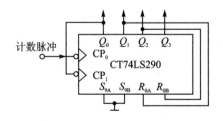

CT74LS290功能表

输　入			输　出			
$R_{0A} \cdot R_{0B}$	$S_{9A} \cdot S_{9B}$	CP	Q_3	Q_2	Q_1	Q_0
1	0	×	0	0	0	0
0	1	×	1	0	0	1
0	0	↓	计　　数			

图 3.7.4

五、画出图 3.7.5 中 4 个 CP 脉冲作用下 Q_1、Q_2 的波形。(设各触发器初态为零。)

六、试分析图 3.7.6 电路的逻辑功能,并画出其状态转换图和工作波形。(设触发器的初态为零。)

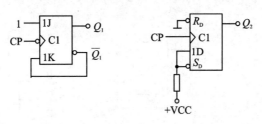

图 3.7.5

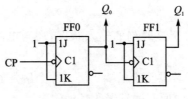

图 3.7.6

第 4 章

脉冲产生与整形电路

专业知识

- ➤ 掌握施密特触发器的功能和应用；
- ➤ 掌握多谐振荡器的功能和应用；
- ➤ 掌握单稳态触发器的功能和应用；
- ➤ 掌握 555 定时器的功能和使用方法。

专业技能

- ➤ 能读懂项目任务书并且能制定工作计划；
- ➤ 能够按照电路原理图在面包板上搭接数字电路；
- ➤ 会使用示波器检测施密特触发器、多谐振荡器、单稳态触发器电路；
- ➤ 能够按照电路原理图焊接数字电路；
- ➤ 会计算 555 定时器构成的多谐振荡器的周期和频率；
- ➤ 会计算 555 定时器构成的单稳态触发器的暂稳态脉冲宽度；
- ➤ 会计算 555 定时器构成的施密特触发器的阈值电平、回差电压。

素质提高

- ➤ 培养学生严肃、认真的科学态度和良好的学习方法；
- ➤ 使学生养成独立分析问题和解决问题的能力，并具有协作和团队精神；
- ➤ 能综合运用所学知识和技能独立解决课程设计中遇到的实际问题，具有一定的归纳、总结能力；
- ➤ 具有一定的创新意识，具有一定的自学、表达、获取信息等各方面的能力；
- ➤ 培养规范的职业岗位工作能力；
- ➤ 培养学生的质量、成本、安全意识。

思政元素

➤ 通过延时自动熄灯电路融入节能环保观念;
➤ 通过仿真和实操融入工匠精神。

4.1 知识储备

4.1.1 555 定时器

555 定时器又称为集成时基电路或集成定时器,是一种数字、模拟混合型的中规模集成电路,能产生时间延迟和多种脉冲信号,应用十分广泛。555 定时器的名称来自内部使用的 3 个 5 kΩ 电阻,其电路类型有双极型和 CMOS 型两大类,二者的结构与工作原理类似。几乎所有双极型产品型号最后的 3 位数码都是 555 或 556;所有的 CMOS 产品型号最后 4 位数码都是 7555 或 7556,二者的逻辑功能和引脚排列完全相同,易于互换,不过不同厂家的产品电气参数可能略有区别,使用时需注意。555 和 7555 是单定时器。556 和 7556 是双定时器。双极型的工作电源电压为 +5∼ +15 V,输出的最大电流可达 200 mA,CMOS 型的工作电源电压为 +3∼+18 V。

图 4.1.1 中 V_{CC} 为正电源引脚(8 脚),GND 为接地引脚(1 脚),$\overline{TRI}$ 为触发引脚(2 脚),OUT 为输出引脚(3 脚),$\overline{RST}$ 为复位引脚(4 脚),CON 为控制电压引脚(5 脚),THR 为阈值引脚(6 脚),DIS 为放电引脚(7 脚)。

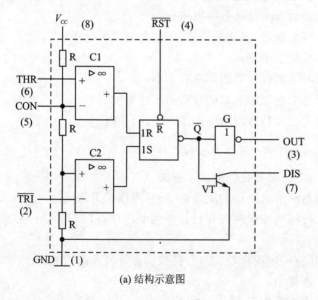
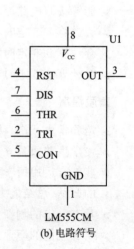

(a) 结构示意图   (b) 电路符号

图 4.1.1 555 定时器

双极型 555 定时器内部主要包括 3 个分压电阻(R)和、两个电平比较器(C1 和

C2)、一个基本 SR 锁存器、一个非门(G)和一个放电开关管(VT)。其中,3 个分压电阻非常重要,在控制电压引脚(5 脚)没有外接控制信号时,它们提供了 $2V_{CC}/3$ 和 $V_{CC}/3$ 两个参考电压,阈值引脚(6 脚)的电压将和 $2V_{CC}/3$ 比较,触发引脚(2 脚)的电压将和 $V_{CC}/3$ 比较;在控制电压引脚(5 脚)外接控制信号 U_{CON} 时,它们提供 U_{CON} 和 $U_{CON}/2$ 两个参考电压,阈值引脚(6 脚)的电压将和 U_{CON} 比较,触发引脚(2 脚)的电压将和 $U_{CON}/2$ 比较。

比较器(C1 和 C2)的输出为高电平或低电平,作为 SR 锁存器的输入信号控制 SR 锁存器置 0、置 1 或保持。SR 锁存器的反变量输出一方面经反相器缓冲输出高电平或低电平的结果(OUT 脚),另外,经放电三极管 VT 从其集电极得到集电极开路(OC)输出(DIS 脚)。

集电极开路输出不是输出完整的高/低电平信号,DIS 脚(7 脚)只能接收灌电流,而没有拉电流。当放电管 VT 导通时输出低电平,能接收灌电流;当 VT 截止时,不能输出拉电流,须有外接上拉电阻负载才能得到高电平。使用 DIS(7 脚)输出的例子如图 4.1.2 所示,图中 R2 为上拉电阻,U2 为 LM555 的下一级门电路,U3 为 LM555 的信号源。如果不使用 DIS 脚(7 脚)输出,则该引脚悬空即可。

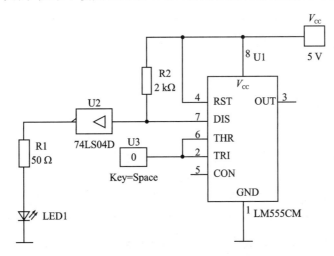

图 4.1.2　使用 DIS(7 脚)作为输出端

表 4.1.1 为 LM555 的功能表,其中最后一行表示违背内部基本 SR 锁存器约束条件的情况。不同型号的 555 定时器内部基本 SR 锁存器的结构可能不同,违背约束条件时的输出结果也可能有所不同,需要查阅数据手册或实际测试。

当控制电压引脚(5 脚)外接信号 V_{CON} 时,真值表中的 $\frac{2}{3}V_{CC}$ 相当于 V_{CON},真值表中的 $\frac{1}{3}V_{CC}$ 相当于 $\frac{1}{2}V_{CON}$;不外接信号时,通常经去耦电容接地。去耦电容可以去除尖脉冲干扰,提高抗干扰能力;去耦电容常选 $0.01~\mu\text{F}$ 的无极性电容,也可以根据干扰情况改变电容大小。若没有干扰,该端子也可以直接悬空。

表 4.1.1   LM555 定时器功能表

输 入			输 出	
$\overline{RST}(4)$	THR(6)	$\overline{TRI}(2)$	DIS(7)	OUT(3)
0	×	×	VT 导通	0
1	$<\frac{2}{3}V_{CC}$	$<\frac{1}{3}V_{CC}$	VT 截止	1
1	$<\frac{2}{3}V_{CC}$	$>\frac{1}{3}V_{CC}$	VT 保持	保持
1	$>\frac{2}{3}V_{CC}$	$<\frac{1}{3}V_{CC}$	VT 导通	0
1	$>\frac{2}{3}V_{CC}$	$>\frac{1}{3}V_{CC}$	VT 导通*	0*

注:"*"属于违背锁存器约束条件情况。

555 定时器主要是通过外接电阻和电容构成充、放电电路,并由两个比较器来检测电容器上的电压,以确定输出电平的高低和放电开关管的通断。这就很方便地构成从微秒到数十分钟的延时电路、多谐振荡器、单稳态触发器、施密特触发器等脉冲波形产生和整形电路。

4.1.2 施密特触发器

1. 脉冲信号

通常,把非正弦波信号统称为脉冲信号,脉冲信号按波形可分成矩形波、梯形波、阶梯波、锯齿波等。图 4.1.3 为常见的脉冲信号波形。

数字电路中的信号大多数是矩形脉冲信号。获得矩形脉冲信号的方法主要有两种:一种是利用各种形式的多谐振荡器电路,直接产生所需要的周期性矩形脉冲信号;另一种是利用脉冲信号的变换电路,将现有的脉冲信号变换成所需要的矩形脉冲信号,在这种方法中,电路本身不产生脉冲信号,而仅仅起脉冲波形的变换作用。

2. 施密特触发器

施密特触发器(Schmitdt Trigger)是一种具有回差特性的脉冲波形变换电路。它有两个稳定输出状态,0 状态和 1 状态。当输入触发信号电平达到阈值电平(门限电平)时,输出电平会发生突变。突变是由电路内部正反馈导致,所以输出状态的转变速度非常快,脉冲波形的上升时间和下降时间非常短,这样施密特触发器便可以将缓慢变化的输入信号变换成矩形波输出。

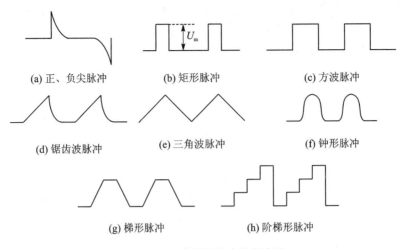

(a) 正、负尖脉冲　　(b) 矩形脉冲　　(c) 方波脉冲

(d) 锯齿波脉冲　　(e) 三角波脉冲　　(f) 钟形脉冲

(g) 梯形脉冲　　　　(h) 阶梯形脉冲

图 4.1.3　常见的脉冲信号波形

施密特触发器具有回差特性(滞回特性),输入信号电压增大时引起输出电平突变的电压值称为上限阈值电平(也称为上门限),用 U_{T+} 表示;输入信号电压减小时,引起输出电平突变的转换电平称为下限阈值电平(也称为下门限),用 U_{T-} 表示。施密特触发器的上限阈值电平不等于下限阈值电平,两者的差值称为回差电压,用 ΔU_T 表示,即 $\Delta U_T = U_{T+} - U_{T-}$。回差电压的存在增大了数字电路的抗干扰能力。

施密特触发器的电压传输特性如图 4.1.4 所示。

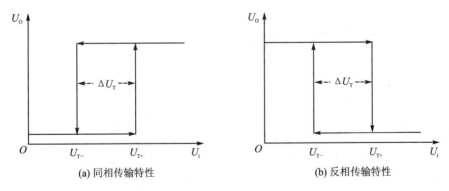

(a) 同相传输特性　　　　　　　(b) 反相传输特性

图 4.1.4　施密特触发器的电压传输特性

施密特触发器的逻辑符号如图 4.1.5 所示。

(a) 同相施密特触发器的逻辑符号　　(b) 反相施密特触发器的逻辑符号

图 4.1.5　施密特触发器的逻辑符号

具备回差特性的数字集成电路比较多,常见的有 74LS13、74LS132、74LS14 等,都可以当作施密特触发器来用。

3. 施密特触发器的应用

施密特触发器主要用于波形变换、脉冲整形、幅度鉴别等,也可以用来构成单稳态触发器和多谐振荡器。

波形变换是将正弦波、三角波等其他波形变换为矩形波,如图 4.1.6 所示。

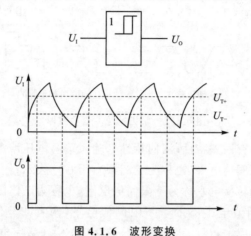

图 4.1.6 波形变换

脉冲整形是指去除脉冲波形的毛刺、改善上升时间和下降时间等参数,如图 4.1.7 所示。

幅度鉴别是指将超过一定幅度的脉冲检出,如图 4.1.8 所示。

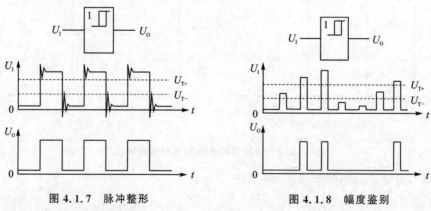

图 4.1.7 脉冲整形   图 4.1.8 幅度鉴别

4.1.3 单稳态触发器

1. 单稳态触发器

单稳态触发器是一种用于整形、延时、定时的脉冲电路,具有触发输入端。每当输入的触发信号边沿有效时,单稳态触发器就会输出一个宽度一定、幅度一定的矩形脉冲。

单稳态触发器有两个工作状态,其中一个为稳态,而另一个为暂态。未加触发信号前的状态为稳态,加触发信号后的状态为暂态。单稳态触发器在外加触发脉冲的作用下,可以从稳态翻转到暂态。暂态维持一段时间后,自动返回到稳态,无须外加控制信号。

暂态持续的时间就是单稳态触发器的脉冲宽度的大小,只取决于电路本身的参数,而与触发脉冲无关。单稳态触发器的暂态是靠 RC 电路的充放电过程来维持的,根据 RC 电路的不同接法,可分为微分型和积分型。

如果在暂态能够再次用触发信号触发单稳态触发器,使暂态持续时间得到延长,就称为能够重触发;否则,就是不能重触发(Non - Retriggerable)。

常用集成单稳态触发器有 CT74121、74LS221、74LS122、74LS123、CC14528、CC4098、CC4538 等。其中,CT74121 和 74LS221 都是带施密特触发器的单稳态触发器,不可重触发,其余都是可重触发的单稳态触发器。

2. 单稳态触发器应用

图 4.1.9 为单稳态触发器用于整形的波形。单稳态触发器输出脉冲的幅度和宽度是确定的,利用这一性质可将宽度和幅度不规则的脉冲串,整形为宽度和幅度一定的脉冲串。

由于单稳态触发器能产生一定宽度 t_w 的矩形输出脉冲,利用这个脉冲去控制其他

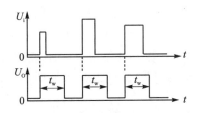

图 4.1.9　单稳态触发器用于整形

电路,使其在 t_w 时间内动作(或不动作),起到了定时作用。例如,在图 4.1.10 中,触发信号使单稳态触发器产生脉冲宽度为 t_w 的矩形脉冲,将单稳态触发器输出 U_o' 和另一个输入端信号 U_a 相与,只有当 U_o' 为高电平的 t_w 时间内,信号 U_a 才能通过与门,输出 U_o 才有脉冲。

图 4.1.11 为单稳态触发器用于延时的波形,假设后续电路需要使用下降沿触发,则图中单稳态触发器的输出 U_o 下降沿比输入信号 U_i 下降沿滞后 t_w,实现了延时的功能。

3. 555 定时器构成的单稳态触发器

用 555 定时器可以构成单稳态触发器,电路如图 4.1.12 所示。图中 R、C 是定时元件,输入触发信号 U_i 接 555 定时器 TRI 端(2 脚),下降沿有效,输出暂态为高电平。

当输入触发信号 U_i 处于高电平时,U_o 为低电平,555 内部放电三极管导通,DIS 端(7 脚)为低电平,电容 C 两端电压 U_c 为低电平,电路为稳态。当输入触发信号 U_i

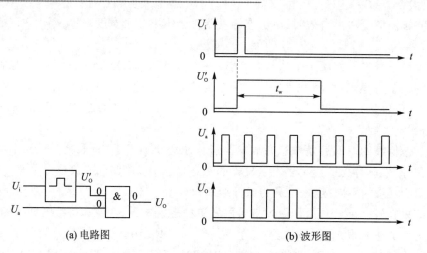

(a) 电路图　　　　　　　　(b) 波形图

图 4.1.10　单稳态触发器用于定时

的下降沿到来时,2 引脚电位瞬间低于 VCC/3,使输出 U_o 变为高电平,555 内部放电三极管截止,电源 VCC 通过电阻 R 向电容器 C 充电,使 U_c 按指数规律上升,电路为暂态。当 U_c 上升到 2VCC/3 时,输出 U_o 变为低电平,555 内部放电三极管导通,电容 C 经 DIS 端迅速放电,暂态结束,自动恢复到稳态,为下一个触发脉冲的到来做好准备,波形如图 4.1.13 所示。

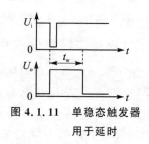

图 4.1.11　单稳态触发器用于延时

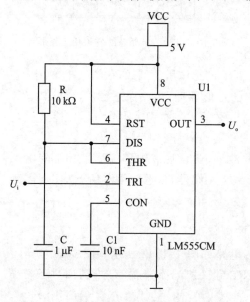

图 4.1.12　用 555 定时器构成单稳态触发器

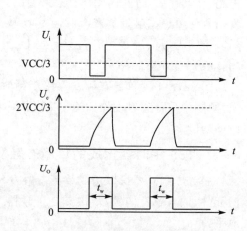

图 4.1.13　555 定时器构成单反态触发器波形图

暂态的持续时间是输出脉宽 t_W，$t_W = 1.1RC$。此电路要求触发信号的负脉冲宽度一定要小于 t_W 计算值，否则，暂态时间会随触发信号延长而不能确定。

4.1.4　多谐振荡器

1. 多谐振荡器

　　多谐振荡器是一种产生矩形脉冲波的自激振荡器。由于矩形波含有丰富的高次谐波，所以矩形波振荡器又称为多谐振荡器。

　　多谐振荡器没有稳态，不须外加触发信号；当接通电源后，便可以自动周而复始地产生矩形波输出。

　　与其他类型振荡器类似，构成多谐振荡器需要有正反馈，具体形式有多种，如图 4.1.14 所示。

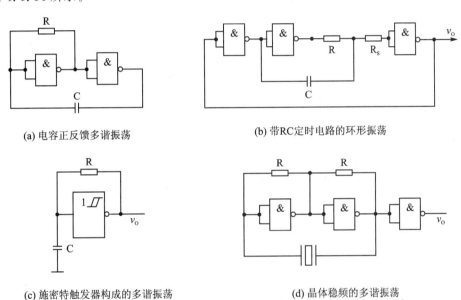

(a) 电容正反馈多谐振荡　　　　　　(b) 带RC定时电路的环形振荡

(c) 施密特触发器构成的多谐振荡　　(d) 晶体稳频的多谐振荡

图 4.1.14　多谐振荡器

　　由于在多谐振荡器中，振荡频率主要取决于门电路的输入电压上升到门限电平（阈值电平）所需要的时间，而电路容易受电源电压波动、外部干扰、温度变化的影响，所以频率的稳定性不可能很高。

　　石英晶体不但频率特性稳定，而且品质因数很高，有极好的选频特性，所以，普遍在多谐振荡器中用于稳频；晶体稳频的多谐振荡器输出频率等于石英晶体的固有频率。由于石英晶体比较廉价，目前，常见各种电子设备中都能见到石英晶体振荡器。除购买单独石英晶体搭建多谐振荡器外，也可选购商品化的有源晶振，有源晶振内部集成了石英晶体和振荡电路，只须给有源晶振供电，其输出端就能输出非常稳定的矩形脉冲。

2. 用 555 定时器构成的多谐振荡器

用 555 定时器构成多谐振荡器电路如图 4.1.15 所示。电路没有稳态,只有两个暂稳态,也不需要外加触发信号,利用电源 VCC 通过 R1 和 R2 向电容 C 充电,使电容两端电压 U_c 逐渐升高,升到 2VCC/3 时,U_o 跳变到低电平,放电端 DIS 导通。这时,电容 C 通过电阻 R2 和 DIS 端放电,使 U_c 下降,降到 VCC/3 时,U_o 跳变到高电平,DIS 端截止,电源 VCC 又通过 R1 和 R2 向电容 C 充电。如此循环,振荡不停,电容 C 在 VCC/3 和 2VCC/3 之间充电和放电,输出连续的矩形脉冲,其波形如图 4.1.16 所示。

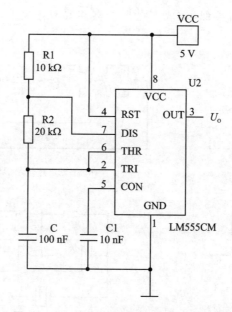

图 4.1.15　用 555 定时器构成多谐振荡器

输出信号 U_o 的脉宽 t_{W1} 和 t_{W2} 的计算公式为

$$t_{W1} = 0.7(R_1 + R_2)C$$

$$t_{W2} = 0.7R_2C$$

其中,R_1 为 R1 的阻值,R_2 为 R2 的阻值,C 为 C 的电容值。

周期 T 的计算公式为

$$T = t_{W1} + t_{W2} = 0.7(R_1 + 2R_2)C$$

用 555 定时器构成的多谐振荡器中,振荡频率较低,优点是电路简单,但也有振荡频率稳定性不高、容易受到温度等外界因素的干扰等缺点,一般用于人机接口电路等场合。

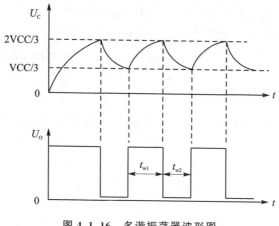

图 4.1.16　多谐振荡器波形图

4.2　仿真任务_延时自动熄灯电路

1. 项目要求

延时自动熄灯是指人通过按键、触摸或声控等开关点亮电灯,过段时间后,不需要人为干预,电灯自动熄灭。延时自动熄灯电路多用于楼道、楼梯、小巷、公共卫生间照明,同时兼顾了方便生活和节约能源两方面,所以应用非常普遍。需要注意的是,电灯每点亮和熄灭一次都会减少使用寿命,节能灯更加明显,在人员活动密集的场所,频繁点亮、熄灭节能灯可能得不偿失,所以,设计电路需要综合考虑成本与收益的关系。

发光二极管新发展出一种高亮发光二极管用于照明,相关技术发展非常迅速,具有使用寿命长、发光效率高等优点,在液晶(LCD)显示屏、汽车、手电筒、小夜灯等方面应用已经普及,现在大功率 LED 路灯照明也在逐渐推广。设计一个延时自动熄灯电路,要求每次通过按钮点亮小功率发光二极管照明灯,灯亮 10 s 后自动熄灭。

2. 项目分析

延时自动熄灯的功能与单稳态触发器功能一致,可以采用单稳态触发器实现项目要求。

项目要求采用按钮实现延时自动熄灯,为了反复触发电路,可以采用自动弹起的按钮(内部有复位弹簧),每次按下都能自动弹起。

项目要求采用小功率发光二极管照明,一般小功率高亮 LED 所需驱动电流较小,可以使用 555 定时器直接驱动单个的小功率 LED 照明。需要注意的是,在对多个 LED 亮度一致性、稳定性要求较高时,需要采用恒流源驱动 LED。

根据前述分析可以绘制延时自动熄灯系统框图,如图 4.2.1 所示。

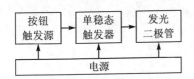

图 4.2.1 延时自动熄灯系统框图

3. 电路设计

采用 555 定时器构成的单稳态触发器作为控制,根据定时要求选择定时元件。项目要求定时 10 s,假设定时电容 C 选用 100 μF,则根据公式 $t_w = 1.1RC$ 可得,$R = 90.9$ kΩ。对于 1‰ 精度的金属膜电阻系列,正好有 90.9 kΩ 电阻,否则需要做出近似或者采用电位器。

由于 555 定时器构成的单稳态触发器是下降沿触发,暂态为高电平,所以,按下按钮时产生低电平,形成下降沿触发信号,输出用高电平直接驱动发光二极管发光,如图 4.2.2 所示。当 J1 按下时,电路中 R2 用于限制电源对地的电流,对阻值没有严格要求。R3 为限流电阻,因为电压源驱动 LED 需要限流电阻,555 定时器输出相当于电压源,所以理论上需要限流电阻,实际上因为 555 定时器内部电阻可以起到限流作用,所以,不接限流电阻也不会损坏 555 或者 LED,但是会使 555 输出的高电平拉低到 LED 的导通压降。

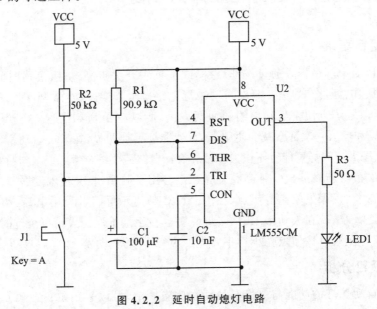

图 4.2.2 延时自动熄灯电路

4.3 实操任务_模拟声响发生器

1. 项目要求

消防车、救护车和报警器等声音信号由两种不同频率循环变换来引起人的注意。试设计一个模拟声响发生器,使其能循环产生两种不同的频率信号,并驱动扬声器发出声音。

2. 项目分析

人耳听力范围在 20 Hz～20 kHz，在这个范围内，灵敏度是不同的，一般在 1 kHz 附近灵敏度最高，所以模拟声响发生器的信号频率应该在 1 kHz 附近。

555 定时器构成多谐振荡器可以产生模拟声响发生器所需的周期性信号，现在需要考虑的主要是怎样通过控制电路参数产生两种不同的频率。通过分析 555 定时器构成多谐振荡器的原理图可以知道，其振荡频率主要与外围阻容元件有关，另外还与参考电源（5 脚）电压有关。相对于电阻和电容，这里调节参考电源（5 脚）电压比较容易实现，参考电路如图 4.3.1 所示。

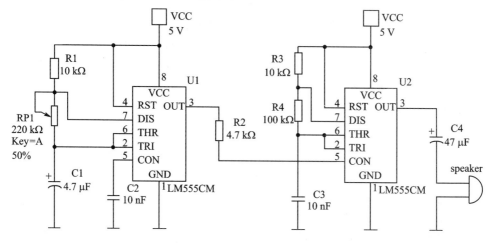

图 4.3.1　用 555 定时器构成的模拟声响发生器

图 4.3.1 中有两个 555 定时器，分别构成两个多谐振荡器，前级 U1（3 脚）输出的电压会随着自身周期出现高低电平的变化，从而可以控制后级 U2（5 脚）的参考电压，实现两个信号频率的切换控制。U2 输出（3 脚）的波形如图 4.3.2 所示，图中宽脉冲对应于低频声音，窄脉冲对应于高频声音。

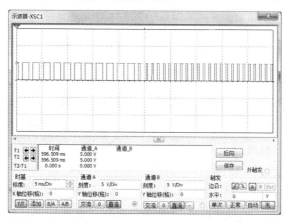

图 4.3.2　空载时 U2 输出（3 脚）波形

4.4 拓 展

4.4.1 知识拓展

1. 存储器

(1) 存储器简介

早期计算机采用纸带打孔的办法存储二进制信息,随后出现了磁带、软磁盘和硬盘等磁介质存储器,半导体存储器也几乎同时出现,再后来发明了光盘存储器。半导体存储器工作速度快、体积小、存储密度高、与逻辑电路接口容易,应用十分广泛。

半导体存储器是一种以半导体电路作为存储媒介的存储器,计算机 CPU 中集成的一级缓存、二级缓存就是半导体存储器,内存条、U 盘、固态硬盘也采用半导体存储器集成电路制作。

半导体存储器按功能可分为随机存取存储器(RAM)和只读存储器(ROM),按其制造工艺可分为双极晶体管存储器和 MOS 晶体管存储器,按其存储原理可分为静态和动态两种,按断电后信息保存性可分为易失和非易失两种。

半导体存储器的技术指标主要有:

① 存储容量:用存储单元个数(字)乘以每单元位数(位)表示,如1K×4 位表示能够存储 4 096 个一位二进制数。

② 存取时间:从启动读(写)操作到操作完成的时间。

③ 存取周期:两次独立的存储器操作所需间隔的最小时间。

④ 平均故障间隔时间 MTBF(可靠性)。

⑤ 功耗:动态功耗、静态功耗。

(2) 只读存储器

只读存储器并不是如字面意思那样只能读出数据,事实上,必须先将数据写入只读存储器,然后才能从中读出数据。一般,只要写入存储器的方式(或速度)与读出的方式(或速度)不同,就称为只读存储器。只读存储器通常都是非易失存储器,内部数据断电后也能长期保存。

最早的只读存储器是掩膜 ROM,也可简称 ROM,是由芯片制造的最后一道掩模工艺来控制写入信息。因此这种 ROM 的数据由生产厂家在芯片设计掩膜时确定,产品一旦生产出来其内容就不可改变。由于集成电路生产的特点,要求一个批次的掩膜 ROM 必须达到一定的数量才能生产,否则将极不经济。掩膜 ROM 既可用双极性工艺实现,也可以用 CMOS 工艺实现。掩膜 ROM 的电路简单,集成度高,大批量生产时价格便宜。掩膜 ROM 一般用于存放计算机中固定的程序或数据,如引导程序、BASIC 解释程序、显示、打印字符表、汉字字库等。

随后出现了 PROM,其可由用户一次性写入数据,如熔丝 PROM,新的芯片中所有数据单元的内容都为 1,用户将需要改为 0 的单元以较大的电流将熔丝烧断即实现了数据写入。这种数据的写入是不可逆的,即一旦被写入 0 则不可能重写为 1。因此,熔丝 PROM 是一次性可编程的 ROM,双极性熔丝结构是熔丝 PROM 的典型产品。另外一类经典的 PROM 为使用肖特基二极管的 PROM,出厂时,其中的二极管处于反向截止状态,还是用大电流的方法将反相电压加在肖特基二极管,造成其永久性击穿即可。

很多电路设计人员在开发产品时需要多次写入数据以修改设计,因此,能够多次写入数据的 EPROM 应运而生。EPROM 可擦除内部存储的数据,然后重新写入新的数据。比如,紫外线擦除型的可编程只读存储器在 20 世纪 80 年代到 20 世纪 90 年代曾经广泛应用。这种芯片的上面有一个透明窗口,紫外线照射后能擦除芯片内的全部内容。当需要改写 EPROM 芯片的内容时,应先将 EPROM 芯片放入紫外线擦除器擦除芯片的全部内容,然后对芯片重新编程。

用紫外线擦除 EPROM 非常不方便,因此,又改进出电擦除的 EEPROM,其使用比较方便,并可以实现在系统擦除和写入。

目前,掩膜 ROM、一次性写入数据的 PROM 和电擦除的 EEPROM 仍然有所应用,但已经风光不再,闪速存储器异军突起,具有读/写速度快、集成度高、非易失、价格较低等优点。随着半导体技术的迅速发展,其存储容量不断增加,而价格却不断降低,目前已广泛应用于 U 盘、存储卡和固态硬盘等设备。

闪速存储器写入速度慢于读出速度,与 EPROM 的一个区别是 EPROM 可按字节擦除和写入,而闪速存储器只能分块进行电擦除。闪速存储器可分为两大类,一是 NAND,一是 NOR。简单来说,NAND 芯片像硬盘,以储存数据为主,又称为 Data Flash,芯片容量大,价格较低;NOR 芯片则类似 DRAM,以储存程序代码为主,又称为 Code Flash,所以可让微处理器直接读取,但芯片容量较低,价格较高。

NAND 与 NOR 存储器除了容量上的不同,读/写速度也有很大的区分,NAND 芯片写入与清除数据的速度远快于 NOR 芯片,但是 NOR 芯片在读取资料的速度则快于 NAND 规格。NAND 芯片多应用在小型存储卡,以储存资料为主,增长势头强劲;NOR 芯片则多应用在通信产品中,增长缓慢。

(3) 随机存取存储器

随机存储器(RAM)又称为读/写存储器,可以随时进行读、写操作,其读/写速度相同。RAM 为易失性存储器,必须保持供电,否则其保存的信息将消失。RAM 有两大类,一种称为静态 RAM,另一种称为动态 RAM。

静态 RAM:其记忆单元是具有两种稳定状态的触发器,以其中一个状态表示"1",另一个状态表示"0"。SRAM 的读/写次数不影响其寿命,可无限次读/写。在保持 SRAM 的电源供给的情况下,其内容不会丢失。但如果断开 SRAM 的电源,其内容将全部丢失。SRAM 速度非常快,是目前读/写最快的存储设备,但是价格非常

昂贵,所以只在要求很苛刻的地方使用,如 CPU 的一级缓冲、二级缓冲。

SRAM 因为速度快、成本高、体积大,所以普遍运用在芯片内部,作为缓冲使用,如 BUFFER(硬盘缓存)、CACHE(高速缓存)等。

动态 RAM:DRAM 的记忆单元是 MOS 管的栅极与衬底之间的分布电容,以该电容存储电荷的多少来表示"0"和"1"。DRAM 的一个二进制位数据可由一个 MOS 管构成,具有集成度高、功好低的特点。DRAM 的一个缺点是需要刷新,因为 DRAM 保留数据的时间很短。芯片中存储的信息会因为电容的漏电而消失,因此应确保在信息丢失以前进行刷新。刷新就是对原来存储的信息进行重新写入,因此使用 DRAM 的存储体需要设置刷新电路。刷新周期随芯片的型号而不同,一般为 1 至几个毫秒。DRAM 的另一个缺点是速度比 SRAM 慢,不过它还是比任何的 ROM 都要快。自动刷新的 DRAM 中集成了动态 RAM 和自动刷新控制电路。从价格上来说 DRAM 相比 SRAM 要便宜很多,DRAM 的引脚数量也比 SRAM 少,计算机内存就是 DRAM 的。DRAM 种类很多,常见的主要有 SDRAM、DRDRAM、DDR SDRAM 和 DDR2 SDRAM 等。

2. 可编程逻辑器件

可编程逻辑器件(Programmable Logic Device,缩写为 PLD)是一种半定制集成电路,可根据用户要求再加工为专用数字集成电路,在数字系统中常用于替代中小规模数字集成电路。

可编程逻辑器件具有体积小、成本低、逻辑功能可编程、应用方便、开发周期短等优点,20 世纪七八十年代,PLD 器件发展很快,性价比最好的是通用逻辑阵列 GAL 器件。进入 20 世纪 90 年代后,PLD 并未像人们原来预期的那样迅速发展和广泛应用。

由于微控制器 MCU(Micro Controller Unit),也就是我们通常所说的单片机的迅猛发展,提供了用软件替代和实现硬件功能的更佳途径,再加上原有专用数字集成电路和中小规模通用数字集成电路已具备了足够强大和丰富的功能,因此,PLD 的应用主要处于中小规模通用数字集成电路与微控制器 MCU 的中间地带。

现今,集成电路在前期研发阶段通常采用可编程逻辑器件进行验证,一旦需求量大,通常采用专用集成电路(ASIC)定制生产,这样可以降低成本。

目前,可编程逻辑器件主要分为两大类:现场可编程门阵列(FPGA)和复杂可编程逻辑器件(CPLD),其主要区别是:FPGA 采用 SRAM 工艺,直接下载编程,断电后程序丢失,保密性差,时序延时不可预测,用时要外加 EEPROM,集成度高;CPLD 内部有 EPPROM 或 FLASH 存储器,直接下载编程,掉电后程序不会丢失,集成度低,保密性好,时序延时均匀可预测。综合来看,FPGA 功能强,性价比高,CPLD 主要优势在于价格较低,随着 FPGA 价格逐渐下降,CPLD 正在淡出市场。

(1) 可编程逻辑器件开发环境

在使用可编程逻辑器件进行电子产品开发设计时,需要使用计算机、开发软件、

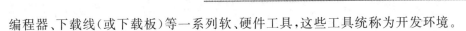

编程器、下载线(或下载板)等一系列软、硬件工具,这些工具统称为开发环境。

在复杂电子系统的设计中往往需要借助 EDA 技术(Electronic Dsign Automation)技术,常用的 EDA 软件按照主要功能或主要应用场合可大致分为:电子电路设计与仿真工具、PCB 设计软件、IC 设计软件、FPGA/CPLD 设计工具。FPGA 开发需要一些专用的工具软件,其功能包括 FPGA 程序的编写、综合仿真及下载等。就整体而言,目前的 FPGA 工具软件可以分为两类:一类是 FPGA 芯片生产商直接提供的集成开发环境,如 Altera 公司的 Quartus Ⅱ 和 Xilinx 公司的 ISE 等;另一类是其他专业的 EDA 软件公司提供的辅助软件工具,统称为第三方软件,如业内主流的仿真工具 Modelsim 和综合工具 Synplify/Synplify Pro,它们都可以嵌入到 Quartus Ⅱ 和 ISE 等集成开发环境中辅助完成仿真、综合等操作。

计算机软件开发完成后,需要使用编程器或下载线将程序下载(存储)进可编程逻辑器件。这个过程有两种方法,一种方法是离线编程,采用编程器或专用下载板,将程序下载到 PLD 中,然后再将 PLD 安装到电子产品的线路板上;另一种方法是在系统编程,即先将 PLD 安装到电子产品线路板上,然后通过下载线将计算机与电子产品线路板直接连接,再将程序下载到 PLD 中。前一种方法适合大批量生产产品,不利于产品软升级,后一种方法适合产品研发的调试和小批量产品生产,便于产品软升级。

(2) 可编程逻辑器件开发流程

在使用可编程逻辑器件进行电路设计时,首先要根据设计复杂程度、使用环境、成本要求、设计周期要求等综合考虑选取 PLD 类型和型号。之后,要使用仿真软件和开发环境进行程序的编写、编译、仿真、时序分析、引脚配置。最后,将程序下载到 PLD 或存储器中,完成实际电路。

在使用 Quartus Ⅱ 和 ISE 等集成开发环境时,主要开发流程有:

1) 项目的设计输入

可以使用原理图输入法根据 Quartus Ⅱ 或 ISE 软件提供的元器件库及各种符号和连线画出原理图,形成原理图输入文件,也可采用编程语言完成程序编写。

2) 项目的编译与适配

选择当前项目文件与设计实现的实际芯片型号进行编译适配。

3) 项目的功能仿真与时序分析

Quartus 或 ISE 软件支持电路的功能仿真和时序仿真,用以检测电路的预期功能和技术指标。

4) 引脚的重新分配与定位

根据设计者的习惯或电路的布局可以方便地对引脚进行编辑和再分配。

5) 器件的下载编程与硬件实现

将设计的电路下载到可编程器件中,并根据引脚分配图将 CPLD/FPGA 相应的引脚与外围电路连接。

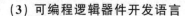

(3) 可编程逻辑器件开发语言

在使用 Quartus 和 ISE 等集成开发环境完成电路设计时,可以使用绘制原理图的方法,也可以使用硬件描述语言(HDL)的方法。一般在进行较复杂的电路设计时,都要使用硬件描述语言完成设计。

硬件描述语言是一种用形式化方法描述数字电路和系统的语言。利用这种语言,数字电路系统的设计可以从上层到下层(从抽象到具体)逐层描述自己的设计思想,用一系列分层次的模块来表示极其复杂的数字系统。然后,利用电子设计自动化(EDA)工具,逐层进行仿真验证,再把其中需要变为实际电路的模块组合,经过自动综合工具转换到门级电路网表。接下去,再用专用集成电路 ASIC 或现场可编程门阵列 FPGA 自动布局布线工具,把网表转换为要实现的具体电路布线结构。

硬件描述语言出现于 20 世纪 80 年代,目前主要有 Verilog HDL 和 VHDL 两种。其中,Verilog HDL 起步更早,企业使用者更多一些。

4.4.2 任务拓展

1. 项目要求

现代化的流水线生产需要精确控制以降低成本,很多企业已经实现备料零库存。也就是说,配件生产厂按照指定时间将预定零件送至车间,直接送上生产线进行生产,不需要备料库房;流水线生产出的产品直接打包、装车、运输、销售,也不需要产品库房。这样节省了资金积压、库房占地和库房管理成本,提高了企业效益。要实现流水线精确控制,生产车间就要对产品产量进行实时监控,以预测来料预定、产品运输等情况。生产线上生产的产品数量很多,而且生产速度很快,用人工计量产品数量所需成本高,而且容易出错,采用数字电子技术进行自动计量是首选方案。

假设每班工人生产产品最多不超过 99 件,设计一个能对生产线上每班工人的产品进行数量统计的电路。

2. 项目分析

根据项目要求可知,数量的统计是主要问题,根据前面章节学习的知识可知:计数器可以对时钟脉冲计数,因此,可以采用计数器来完成项目设计。

计数器的主要参数是模,就是计数长度。根据经验估计产品数量,使计数器的模略大于产品的产量。模过大会增加不必要的电路成本,模过小会导致无法准确统计。

为便于观察、记录,采用十进制计数器,将两个集成十进制计数器级联实现 0～99 计数,输出通过七段数码管显示。

在工业环境中,干扰异常严重,输入级采用施密特触发器是提高抗干扰能力的重要措施。

通常,传感器的信号是非常微弱的模拟信号,需要进行信号放大,信号放大电路属于模拟电路设计。

综上所述,可得生产线计件系统框图,如图 4.4.1 所示。

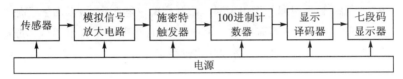

图 4.4.1　生产线计件系统框图

生产线计件系统参考电路如图 4.4.2 所示。

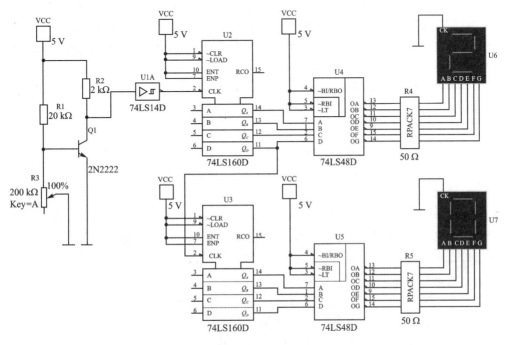

图 4.4.2　生产线计件系统参考电路

4.5　本章小结

知识小结

本章主要介绍了施密特触发器、单稳态触发器、多谐振荡器等知识。

一般触发器和施密特触发器都有 0 和 1 这两个稳定的状态,而单稳态触发器仅有一个稳定的状态,另一个是暂态,多谐振荡器没有稳定的状态,两个状态都是暂态。施密特触发器和单稳态触发器都是脉冲整形电路,都需要输入信号,而多谐振荡器是脉冲产生电路,不需要输入信号,通电就能自行振荡输出矩形波。

施密特触发器的主要特点是具有滞回特性,可以减小干扰,将幅度高低不同的信号整形为幅度一样的矩形脉冲。

单稳态触发器的主要特点是平时输出稳态,当被输入信号触发时进入暂态,过段时间可以自行回归到稳态;暂态时间长短由定时电阻和定时电容决定,可以用于定时。

多谐振荡器的主要特点是不需要输入信号,能自行振荡产生输出信号。振荡频率由定时元件决定,当采用石英晶体时,振荡频率比较稳定,振荡频率由石英晶体决定。

技能小结

本章项目较为复杂,使用元器件种类较多,准备元器件时一定要对元器件逐一检测,以便熟悉元器件性能,便于调试电路和查找电路故障。

在用万能板和面包板装接复杂电路时,一定要先根据系统框图和电路单元合理规划元器件布局,使电路各部分相对独立、接线较短,尽量减少飞线,以降低干扰、便于排查故障。

在调试电路时,尽可能按电路单元分别测试,都合格后再连接在一起统一调试;排查故障时也应按电路单元分别排查,以缩小故障范围,提高排查速度。

4.6　思考与提高

1. 逻辑思维训练:

对基础研究投入大量经费似乎作用不大,因为直接对生产起作用的是应用型技术。但是,应用技术发展需要基础理论研究作后盾。今天,纯理论研究可能暂时看不出有什么用处,但不能肯定它将来也不会带来巨大效益。

上述论证的前提假设是(　　)

A. 发展应用型新技术比搞纯理论研究见效快、效益高。

B. 纯理论研究耗时耗资,看不出有什么用处。

C. 纯理论研究会造福后代,而不会利于当代。

D. 发现一种新的现象与开发出它的实际用途之间存在时滞。

E. 发展应用型新技术容易,搞纯理论研究难。

2. 思维拓展训练:

假设有一个池塘,里面有无穷多的水。现有2个空水壶,容积分别为5升和6升。问题是如何只用这2个水壶从池塘里取得3升的水。

3. 由JK触发器和555定时器组成的电路如图4.6.1所示,已知CP为10 Hz方波,R1阻值为10 kΩ,R2阻值为56 kΩ,C1电容为1 μF,C2电容为4.7 μF,JK触发器输出Q和555输出v_0初始均为0,试

(1) 画出JK触发器输出Q及v_1、v_0的波形。

(2) 求输出波形的周期。

4. 在如图4.6.2(a)所示电路中,R1C1构成微分电路,G为具有施密特性能的非门,其阈值电压分别为0.8 V和1.6 V,由555定时器构成的单稳态电路暂稳态持

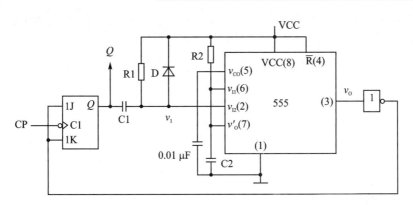

图 4.6.1   习题 3 电路

续时间为 3.5 ms。求在如图 4.6.2(b)所示输入波形 v_1 作用下,画出 A、B、C、D 和 Y_1、Y_2 的波形。

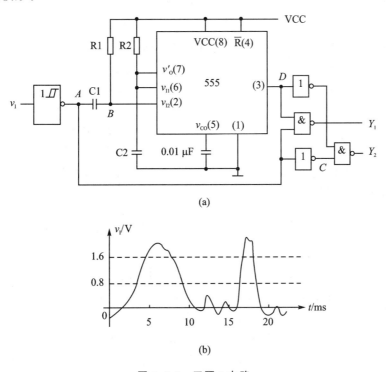

图 4.6.2   习题 4 电路

5. 用 555 定时器设计一个简易电子琴电路,按下不同按钮时会对应产生 1~7 的音调。

6. 使用烟雾传感器(或者可燃气体传感器)、红外传感器、温度传感器和手动按钮设计一个火灾报警电路。要求在 3 种传感器中的两种以上超出预定值或者有手动按钮按下时,电路能发出声音和闪光报警。

7. 设计一个洗手自动控制电路,当手接近传感器时,水龙头打开;当手离开传感器后,水龙头延时 5 s 关闭。

8. 设计一个密码锁电路,要求能够输入和修改密码。在未输入正确密码时,如果门被打开,则用声音和闪光报警。如果连续 3 次输入错误密码,则发出报警声。

9. 用红外发光二极管和红外光敏二极管(或者红外光敏三极管)设计一个红外遥控器,要求遥控器至少有 4 个按键,接收器至少能分别控制 4 个用电设备。

10. 使用 32 768 Hz 的石英晶体构成多谐振荡器,并通过分频器得到周期为 1 s 的矩形脉冲信号。

4.7 本章习题

一、单选题

1. 能直接将正弦波变成同频率方波的电路为(　　)。

A. 单稳态触发器　　B. 施密特触发器　　C. 多谐振荡器　　D. 加法器

2. 能把三角波转换为矩形脉冲信号的电路为(　　)。

A. 多谐振荡器　　　　　　　　　　B. DAC

C. ADC　　　　　　　　　　　　　D. 施密特触发器

3. 用来鉴别脉冲信号幅度时,应采用(　　)。

A. 稳态触发器　　　　　　　　　　B. 双稳态触发器

C. 多谐振荡器　　　　　　　　　　D. 施密特触发器

4. 555 集成定时器在实际应用中,若比较器的参考电压不需改变,则为防止干扰,电压控制端 5 脚应该(　　)。

A. 经 $0.01~\mu F$ 的电容接地　　　　B. 悬空

C. 直接接地　　　　　　　　　　　D. 以上各项都不是

5. 555 集成定时器是(　　)。

A. 模拟电路的电子器件　　　　　　B. 数字电路的电子器件

C. 模拟电路和数字电路相结合的电子器件　D. 以上各项都不是

二、填空题

1. _____触发器能将缓慢变化的非矩形脉冲变换成边沿陡峭的矩形脉冲。

2. 施密特触发器有_____个阈值电压。

3. 单稳态触发器有_____个稳定状态。

4. 多谐振荡器有_____个稳定状态。

5. 施密特触发器有_____个稳定状态。

三、判断题

1. 某单稳态触发器在无外触发信号时输出为 0 态,在外加触发信号时,输出跳变为 1 态,因此,其稳态为 0 态,暂稳态为 1 态。(　　)

2. 555 定时器构成的单稳态触发器可以重触发。（　　）

3. 电阻和电容的乘积（$\tau = RC$）具有时间的量纲，标准单位是秒（s）。（　　）

4. 单稳态触发器的电容都是用来抗干扰的，大小由干扰信号频率决定。（　　）

5. 施密特触发器分为同相施密特触发器和反相施密特触发器两种。（　　）

四、试分析图 4.7.1 构成何种电路，并对应输入波形画出 u_O 波形。

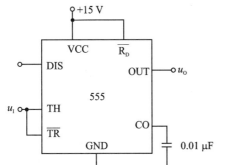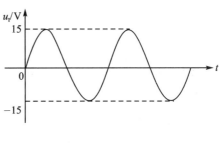

图 4.7.1

五、指出图 4.7.2 构成什么电路？定性画出其输出波形，并计算其输出频率。

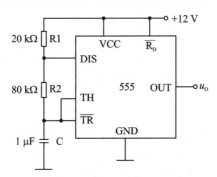

图 4.7.2

六、画出图 4.7.3 中 u_O 的波形。

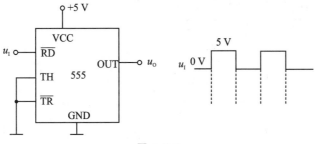

图 4.7.3

第**5**章

综合应用电路

专业知识

➢ 掌握电子系统设计方法；

➢ 了解模拟/数字转换技术；

➢ 了解数字/模拟转换技术。

专业技能

➢ 初步具备电子电路系统级设计能力；

➢ 会使用万用表、示波器等仪器仪表检测综合电子电路；

➢ 能够使用仿真软件进行数字电路仿真。

素质提高

➢ 培养学生严肃、认真的科学态度和良好的学习方法；

➢ 使学生养成独立分析问题和解决问题的能力，并具有协作和团队精神；

➢ 能综合运用所学知识和技能独立解决课程设计中遇到的实际问题，具有一定的归纳、总结能力；

➢ 具有一定的创新意识，具有一定的自学、表达、获取信息等各方面的能力；

➢ 培养规范的职业岗位工作能力；

➢ 培养学生的质量、成本、安全意识。

思政元素

➢ 通过电子系统设计融入大局意识；

➢ 通过仿真和实操融入工匠精神。

5.1　知识储备

5.1.1　电子系统设计

1. 系统设计方法

电子系统分为模拟型、数字型及两者兼而有之的混合型 3 种，无论哪一种电子系统，它们都是能够完成某种任务的电子设备。一般的电子系统由输入、输出、信息处理三大部分组成，用来实现对信息的采集处理、变换与传输功能。

对于较复杂的电子系统来说，通常需要多名设计人员进行配合，共同完成设计任务。另外，复杂的电子系统一般都可以分解为功能简单的电路单元（或模块），电路单元一般可以用典型电路来实现，典型电路具有一定的通用性。根据系统的复杂性、任务可分解、设计人员之间的协调与合作等因素，复杂系统的设计方法主要分为以下几种：

（1）自底向上设计方法

传统的系统设计采用自底向上的设计方法。这种设计方法采用"分而治之"的思想，在系统功能划分完成后，利用所选择的元器件进行逻辑电路设计，完成系统各独立功能模块设计，然后，将各功能模块按搭积木的方式连接起来，构成更大的功能模块，直到构成整个系统，完成系统的硬件设计。这个过程从系统的最底层开始设计，直至完成顶层设计，因此，将这种设计方法称为自底向上的设计方法。用自底向上设计方法进行系统设计时，整个系统的功能验证要在所有底层模块设计完成之后才能进行；一旦不满足设计要求，所有底层模块可能需要重新设计，延长了设计时间。

（2）自顶向下设计方法

目前，VLSI 系统设计中主要采用的方法是自顶向下设计方法，这种设计方法的主要特征是采用综合技术和硬件描述语言，让设计人员用正向的思维方式重点考虑求解的目标问题。这种采用概念和规则驱动的设计思想从高层次的系统级入手，从最抽象的行为描述开始把设计的主要精力放在系统的构成、功能、验证直至底层的设计上，从而实现设计、测试、工艺的一体化。当前 EDA 工具及算法把逻辑综合和物理设计过程结合起来的方式，有高层工具的前向预测能力，较好地支持了自顶向下设计方法在电子系统设计中的应用。

（3）层次式设计方法

它的基本策略是将一个复杂系统按功能分解成可以独立设计的子系统，子系统设计完成后，将各子系统拼接在一起完成整个系统的设计。一个复杂的系统分解成子系统进行设计可大大降低设计复杂度。由于各子系统可以单独设计，因此具有局部性，即各子系统的设计与修改只影响子系统本身，而不会影响其他子系统。

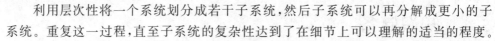

利用层次性将一个系统划分成若干子系统,然后子系统可以再分解成更小的子系统。重复这一过程,直至子系统的复杂性达到了在细节上可以理解的适当的程度。

模块化是实现层次式设计方法的重要技术途径。模块化是将一个系统划分成一系列的子模块,对这些子模块的功能和物理界面明确地定义。模块化可以帮助设计人员阐明或明确解决问题的方法,还可以在模块建立时检查其属性的正确性,因而使系统设计更加简单明了。将一个系统的设计划分成一系列已定义的模块还有助于进行集体间共同设计,使设计工作能够并行开展,缩短设计时间。

(4) 嵌入式设计方法

现代电子系统的规模越来越复杂,而产品的上市时间却要求越来越短,即使采用自顶向下设计方法和更好的计算机辅助设计技术,对于一个百万门级规模的应用电子系统,完全从零开始自主设计也是难以满足上市时间要求的。嵌入式设计方法在这种背景下应运而生。嵌入式设计方法除继续采用自顶向下设计方法和计算机综合技术外,它的最主要的特点是大量 IP(知识产权,Intellectual Property)模块的复用,这种模块可以是 RAM、CPU 及数字信号处理器等。在系统设计中引入 IP 模块使得设计者可以只设计实现系统其他功能的部分以及与 IP 模块的互连部分,从而简化设计,缩短设计时间。

一个复杂的系统通常既包含硬件,又有软件,因此需要考虑哪些功能用硬件实现、哪些功能用软件实现,这就是硬件/软件协同设计的问题。硬件/软件协同设计要求硬件和软件同时设计,并在设计的各个阶段进行模拟验证,减少设计的反复,缩短设计时间。硬件/软件协同是将一个嵌入式系统描述划分为硬件和软件模块,以满足系统的功耗、面积和速度等约束的过程。

嵌入式系统的规模和复杂度逐渐增长,其发展的另一趋势是系统中软件实现功能增加,并用软件区分不同的产品,增加灵活性、快速适应新技术标准,降低升级费用和缩短产品上市时间。

(5) 基于片上系统(SoC)的设计

为了解决当前集成电路的设计能力落后于加工技术的发展、集成电路行业的产品更新换代周期短等问题,基于 IP 的集成电路设计方法应运而生。IP 的基本定义是知识产权模块。对于集成电路设计师来说,IP 是可以完成特定电路功能的模块,设计电路时可以将 IP 看作黑匣子,只须保证 IP 模块与外部电路的接口,无须关心其内部操作。这样设计芯片时所处理的是一个个的模块,而不是单个的门电路,可以大幅度降低电路设计的工作量,加快芯片的设计流程。利用 IP 还可以使设计师不必了解设计芯片所需要的所有技术,降低了芯片设计的技术难度。利用 IP 进行设计的另一好处是消除了不必要的重复劳动。IP 与工业产品不同,复制 IP 是不需要花费任何代价的,一旦完成了 IP 的设计,使用的次数越多,则分摊到每个芯片的原始投资越少,芯片的设计费用也因此会降低。

SoC(System on a Chip)芯片有各种不同的定义方式。具体到芯片功能来说,

SoC 芯片意味着在单个芯片上可以完成以前需要一个或多个印刷线路板才能够完成的电路功能;意味着在单芯片上集成了一个完整的数据处理系统,其结构是比较复杂的。SoC 芯片的运行需要强大的软件支持,而且芯片的功能会随软件的不同而变化,因此在设计芯片的同时需要进行软件编制工作,并非以往单纯的电路设计。这一特点在增强芯片功能及适用范围的同时增加了芯片的设计与验证难度,在芯片设计的初期需要仔细地进行功能划分,确定芯片的运算结构,并评估系统的性能与代价。SoC 芯片的出现在芯片的优化设计方面也提出了很大的挑战。芯片的设计需要系统设计人员与软件设计人员的深入参与,在 SoC 芯片的设计流程中,一般都结合了从顶向下和从底向上设计的特点。与传统的芯片设计相比,SoC 芯片设计有以下几项主要特点:

> 芯片的软件设计与硬件设计同步进行;
> 各模块的综合与验证同步进行;
> 在综合阶段考虑芯片的布局布线;
> 只在没有可利用的硬件模块或软件模块的情况下重新设计模块。

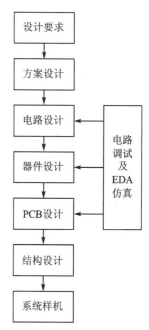

图 5.1.1　系统设计流程图

其实,电子系统的设计没有一成不变的、规定的方法,除了与电路复杂程度、设计人员数量与经验密切相关外,还与设计周期要求、成本要求、元器件采购限制、功耗要求、体积和重量等要求有关。为了便于理解,这里把总的设计过程归纳为方案设计、电路设计、器件设计(或选择)、PCB 设计、结构设计等环节,一般的设计流程如图 5.1.1 所示。

最后,对于产品设计来说,成本控制是一个关键问题,成本高的产品没有市场竞争力,就是失败的设计。优秀的电路实现方案应该是简洁、可靠的,要以最少的社会劳动消耗获得最大的劳动成果。这里所说的社会劳动,包括在产品设计、产品生产、产品维护以及元器件的生产中所付出的劳动。为了控制产品成本,常常采用目标价格反算法,也就是先根据市场调查对相应的技术指标制定目标价格,然后在设计实施中找出影响产品经济指标的关键因素,并采取针对性较强的措施。

2. 电源设计

一切电子设备均需要电源才能工作,电源给电子设备提供电能。常用电源有来自发电厂的交流电、化学电池的直流电、太阳能电池板的直流电等。

一般电子设备都需要稳定的直流电提供能量,因为稳定的直流电能够使电子设备中的元器件稳定工作,也就是说,电源的不稳定会导致电子设备工作失常。

由于电子设备种类繁多,功率需求、电路结构、电子元器件和负载各不相同,电源的电压、功率等需求也就千差万别。每种电子设备都需要进行专门的电源设计,电源电路的设计也就成为电子电路设计中非常重要的一个环节。

在常用电源中,由于电池存储容量有限,长期使用价格较高,所以通常只有便携设备才使用电池。一般电子设备使用交流电的情况比较普遍,发电厂提供的交流电必须经变压、整流、稳压等环节变成直流电才能供给电子设备。常见电源电路主要可以分为两大类:AC/DC 电源和 DC/DC 电源。

AC/DC 电源是将交流电变换为直流电的设备,它自发电厂(电网)取得能量,经过变压、整流、滤波、稳压等环节得到直流电压,功率范围很宽,可以用于不同场合。根据电路结构不同,可以分为线性稳压电源、开关稳压电源和可控硅整流电路三大类。

DC/DC 电源是将不符合要求的直流电变换为符合要求的直流电的设备,它输入的是直流电,经变换以后在输出端获得一个或几个直流电压,一般采用开关电源的结构。

在几种常见电路结构中,开关电源的优点是体积小、重量轻、稳定可靠;缺点是比线性电源纹波大、干扰重,不适合精密测量环境。

线性电源优点是稳定性高,纹波小,可靠性高;缺点是体积大、较笨重、效率比较低。一般具有稳压或稳流特性,输出连续可调,可用于绝大部分电子设备或工控设备。

可控硅整流电源使用历史较长,工艺较成熟,主要部件可控硅和工频变压器,由于可控硅是耐高压和大电流部件,因此,可做成高压大电流,大功率电源,指标和稳定性一般,主要用于工业控制。不同结构的直流电源性能比较如表 5.1.1 所列。

表 5.1.1 直流电源性能比较

项　目	开关电源	线性电源	可控硅整流电源
精度	1%	0.1%～0.3%	1%～3%
纹波	10～300 mV	1～30 mV	1%～5%
干扰	重	小	小
效率	80%～95%	50%～80%	80%～90%
适应性	环境要求较高	一般环境	可以适应恶劣
体积	小	一般	大
重量	较轻	重	很重
价格	价格低	较贵	中等
寿命	2～3 年	5 年左右	10 年左右
可维护性	维护困难	维护要求一般	维护简单

直流稳压电源的技术指标可以分为两大类:一类是特性指标,反映直流稳压电源

的固有特性,如输入电压、输出电压、输出电流、输出电压调节范围;另一类是质量指标,反映直流稳压电源的优劣,包括稳定度、等效内阻(输出电阻)、纹波电压及温度系数等。

常用技术指标有:

(1)输出电压范围

输出电压范围指符合直流稳压电源工作条件情况下,能够正常工作的输出电压范围。该指标的上限是由最大输入电压和最小输入-输出电压差所规定的,而其下限由直流稳压电源内部的基准电压值决定。

(2)最大输入电压

最大输入电压指输入端能施加最大电压。

(3)最小输入-输出电压差

该指标表征在保证直流稳压电源正常工作条件下,所需的最小输入-输出之间的电压差值。

(4)输出负载电流范围

输出负载电流范围又称为输出电流范围,在这一电流范围内,直流稳压电源应能保证符合指标规范所给出的指标。

(5)电压调整率 SV

电压调整率是表征直流稳压电源稳压性能的优劣的重要指标,又称为稳压系数或稳定系数;表征输入电压 U_i 变化时直流稳压电源输出电压 U_o 稳定的程度,通常以单位输出电压下的输入和输出电压的相对变化的百分比表示。

(6)纹波抑制比 SR

纹波抑制比反映了直流稳压电源对输入端引入的市电电压的抑制能力。当直流稳压电源输入和输出条件保持不变时,纹波抑制比常以输入纹波电压峰-峰值与输出纹波电压峰-峰值之比表示,一般用分贝数表示,但是有时也可以用百分数表示,或直接用两者的比值表示。

(7)温度稳定性 K

温度稳定性是在规定的直流稳压电源工作温度 T_i 最大变化范围内($T_{min} \leqslant T_i \leqslant T_{max}$),直流稳压电源输出电压的相对变化的百分比值。

(8)最大输出电流

最大输出电流是保证稳压器安全工作所允许的最大输出电流。一般稳压电源电路中设计有保护电路,当输出电流超过最大输出电流后,保护电路会动作,使稳压电源电路处于保护状态。

在电源电路设计中,集成电路的应用越来越广泛,常见的线性集成稳压集成电路有 78/79 系列、LM317/337 系列等,常见的开关稳压集成电路有 LM2575 系列、MC34063 等。这些集成电路生产厂家都提供了完善的数据手册和典型应用电路,设计电路时只须外加少许电容、电感等元器件即可,使用非常方便。

以三端稳压集成电路7805为例,其内部集成了启动电路、基准电压、恒流源、误差放大器、保护电路、调整管等电路,典型应用电路如图5.1.2所示。

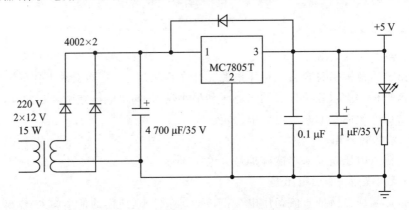

图 5.1.2　采用 7805 的直流稳压电源电路

3. 信号采集单元设计

电子系统的信号采集单元通常是由敏感元件、转换元件和相关电路组成的电路单元,能感受到被测量的信息,并能将检测感受到的信息按一定规律变换成为电信号或其他所需形式的信息输出,以满足电子系统进一步传输、处理、存储、显示、记录和控制等要求。

信号采集单元的核心是传感器,传感器主要包括敏感元件、转换元件。根据敏感元件的不同,传感器可分为:

- ➢ 物理类:基于力、热、光、电、磁和声等物理效应。
- ➢ 化学类:基于化学反应的原理。
- ➢ 生物类:基于酶、抗体、激素等分子识别功能。

通常,据其基本感知功能可分为热敏元件、光敏元件、气敏元件、力敏元件、磁敏元件、湿敏元件、声敏元件、放射线敏感元件、色敏元件和味敏元件十类。传感器的主要参数有线性度、灵敏度、迟滞、漂移和分辨力等。

线性度:指传感器输出量与输入量之间的实际关系曲线偏离拟合直线的程度。定义为在全量程范围内实际特性曲线与拟合直线之间的最大偏差值与满量程输出值之比。

灵敏度:灵敏度是传感器静态特性的一个重要指标。其定义为输出量的增量与引起该增量的相应输入量增量之比。用 S 表示灵敏度。

迟滞:传感器在输入量由小到大(正行程)及输入量由大到小(反行程)变化期间,其输入输出特性曲线不重合的现象成为迟滞。对于同一大小的输入信号,传感器的正反行程输出信号大小不相等,这个差值称为迟滞差值。

漂移:传感器的漂移是指在输入量不变的情况下,传感器输出量随着时间变化,

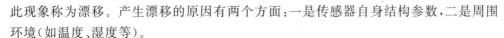

此现象称为漂移。产生漂移的原因有两个方面：一是传感器自身结构参数，二是周围环境（如温度、湿度等）。

分辨力：当传感器的输入从非零数值缓慢增加时，在超过某一增量后输出发生可观测的变化，这个输入增量称传感器的分辨力，即最小输入增量。

目前，传感器发展的总趋势是微型化、多功能化与集成化、数字化、智能化、系统化和网络化。集成传感器将敏感元件和转换元件与基准源、放大单元、线性化处理、V/I 转换、保护电路等电路单元集成在一个集成电路中，使用非常方便。例如，半导体温度传感器 MAX6501、LM84、DS1820 和 TMP03 等集成传感器能将温度直接转换成数字量输出。

当没有适合的集成传感器时，就要对传感器输出的电信号进行放大、电流/电压变换、解调、阻抗匹配、A/D 转换等处理，使之满足后续电路的要求。

4. 输出单元设计

电子系统的输出经常要控制电磁阀、继电器、电动机等大功率元器件或设备工作，这些大功率元器件或设备的电压和电流远高于数字系统常用的电压和电流，所以需要专用芯片或电路进行驱动。这些专用驱动电路被称作输出单元。

当负载所需功率不太高，电源电压与数字系统相同时，输出单元与数字系统可以共用电源，输出单元一般采用专用功率集成电路、甲类功率放大电路或乙类功率放大电路等。

如果负载所需功率较高，且电源电压与数字系统不同，则需要采用双电源供电，输出单元和数字系统需要隔离，以避免损坏低电压器件或者干扰从输出单元回馈至数字系统。通常，采用光电耦合器进行光电隔离可以有效解决这些问题。

光电耦合器（简称为光耦）的种类较多，用于开关电源电路中的常见型号有 PC818、TLP521-1、ON3111、GIC5102、PS208B 等，用于 AV 转换音频电路的常见型号有 TLP503、TLP508、4N25、4N26、TIL111、TLP631、TLP535 等，用于 AV 转换视频电路的常见型号有 TLP551、TLP651、TLP751、PC618、PS2006B、6N135、6N136 等。

数字系统通常采用高速光耦，其中，100 kbit/s 的光电耦合器有 6N138、6N139、PS8703 等，1 Mbit/s 的光电耦合器有 6N135、6N136、CNW135、CNW136、PS8601、PS8602、PS8701、PS9613、PS9713、CNW4502、HCPL-2503、HCPL-4502、HCPL-2530（双路）、HCPL-2531（双路），10 Mbit/s 的光电耦合器有 6N137、PS9614、PS9714、PS9611、PS9715、HCPL-2601、HCPL-2611、HCPL-2630（双路）、HCPL2631（双路）等。

光耦外观与集成电路相同，图 5.1.3 为高速逻辑门光耦 6N137（10 Mbit/s）的结构示意图，其外观与普通双列直插集成电路相同（顶视图 TOP VIEW）。

图 5.1.4 为采用光耦的闪烁警示灯电路,图中 R1、C1、D1、D2、C2 构成稳压电源电路,为定时器 LM555 构成的多谐振荡器提供+12 V 直流电。R2、R3、C3、U1 构成多谐振荡器,D3、C4、R4 构成光耦驱动电路,通过光耦 U2 控制晶闸管 D4,光耦 U2 隔离交流220 V 和直流 12 V,可以采用双向输出的MOC3020、MOC3021、MOC3041 等型号。当U1 输出高电平时,白炽灯较亮;当 U1 输出低电平时,白炽灯较暗。

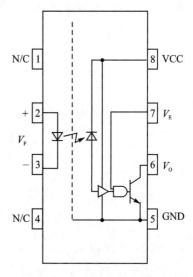

图 5.1.3 光耦 6N137 结构示意图

5. 抗干扰设计

(1) 干 扰

干扰是指有用信号以外的噪声造成电子系统不能正常工作的破坏因素。对于电子系统来说,干扰既可能来源于外部,也可能来源于内部。

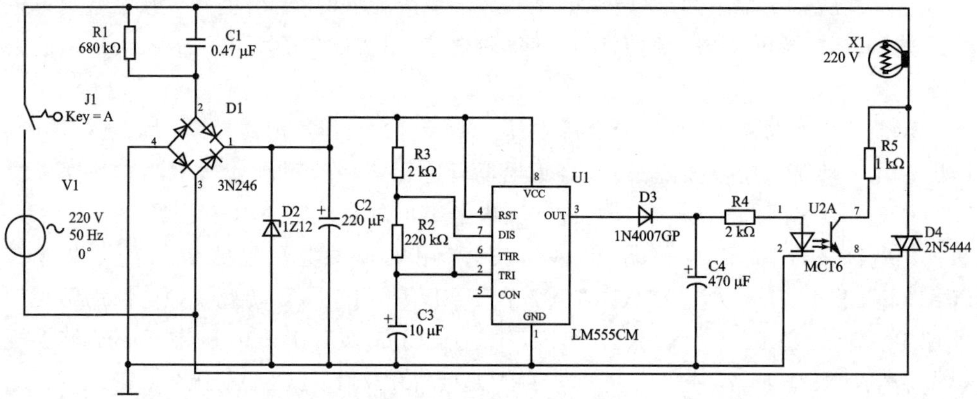

图 5.1.4 闪烁警示灯电路

外部干扰是指那些与系统内部结构无关,由外界环境因素决定的干扰。外部干扰主要是空间电或磁的影响,如输电线和电气设备发出的电磁场,太阳或其他天体辐射出的电磁波,电源电网的波动、大型用电设备(如天车、电炉、大电机、电焊机等)的启停、传输电缆的共模干扰等,甚至气温、湿度等气象条件变化也会给电子设备带来干扰。

内部干扰是指由系统内部结构、制造工艺决定的干扰。内部干扰主要包括系统的软件干扰,分布电容、分布电感引起的耦合感应,电磁场辐射感应,长线传输的波反射,多点接地造成电位差引起的干扰,寄生振荡引起的干扰等;有时元器件内部产生的噪声也按照干扰进行分析。

（2）干扰的传播途径

干扰主要有以下几种传播途径：传导耦合，静电耦合，磁场耦合，公共阻抗耦合等。

传导耦合：干扰由导线进入电路中称为传导耦合。电源线、输入输出信号线都是干扰经常窜入的途径。

静电耦合：干扰信号通过分布电容进行传递称为静电耦合。系统内部各导线之间，印刷线路板的各线条之间，变压器线匝之间和绕组之间，元件之间，元件与导线之间都存在着分布电容。既然有分布电容存在，电场干扰就可以顺道窜入，对系统形成干扰。

磁场耦合：干扰信号通过导体间互感耦合进电路。在任何载流导体周围空间中都会产生磁场，而交变磁场则对其周围闭合电路产生感应电势。在设备内部，线圈或变压器的漏磁会引起干扰；在设备外部，两根导线平行架设时也会产生干扰。

公共阻抗耦合：产生于两个电路的电流流经一个公共阻抗时，一个电路在该阻抗上的电压降会影响到另一个电路。公共阻抗耦合的干扰可分为共电源干扰电压和共地干扰电压。

（3）常用的干扰抑制技术

1）电磁屏蔽技术

电磁屏蔽技术指用屏蔽体将元部件、电路、组合件、电缆或整个系统的干扰源包围起来，防止干扰电磁场向外扩散；或者，用屏蔽体将接收电路、设备或系统包围起来，防止它们受到外界电磁场的影响。

当干扰电磁场的频率较高时，利用低电阻率的金属材料中产生的涡流，形成对外来电磁波的抵消作用，从而达到屏蔽的效果；当干扰电磁波的频率较低时，要采用高导磁率的材料，从而使磁力线限制在屏蔽体内部，防止扩散到屏蔽的空间去；在某些场合下，如果要求对高频和低频电磁场都具有良好的屏蔽效果，则往往采用不同的金属材料组成多层屏蔽体。

2）接地技术

合理的地线分布能有效地减少干扰。低频电路应单点接地，这主要是避免形成产生干扰的地环路；高频电路应该就近多点接地，这主要是避免长线传输引入的干扰。一般来说，当频率低于 1 MHz 时，采用单点接地方式为好；当频率高于 10 MHz 时，采用多点接地方式为好；而在 1～10 MHz 之间，如果采用单点接地，其地线长度不得超过波长的 1/20，否则应采用多点接地方式。

设计印制线路板时，需注意：TTL、CMOS 器件的地线要呈辐射状，不能形成环形；印制线路板上的地线要根据通过的电流大小决定其宽度，不要小于 3 mm，在可能的情况下，地线越宽越好；旁路电容的地线不能长，应尽量缩短；大电流的零电位地线应尽量宽，而且必须和小信号的地分开。

3）滤波技术

滤波是将信号中特定波段频率滤除的操作,是抑制和防止干扰的一项重要措施。滤波器是根据干扰信号的频率进行设计的电路,通常由电容、电感等元件构成。

数字电路的开关高速动作时会产生噪声,因此无论电源装置提供的电压多么稳定,VCC 和 GND 端也会产生噪声。为了降低集成电路的开关噪声,在印制线路板上的每一块数字集成电路上都接入高频特性好的旁路电容,将开关电流经过的线路局限在板内一个极小的范围内。旁路电容常选用 $0.01 \sim 0.1~\mu$F 的陶瓷电容器,旁路电容的引线要短而且紧靠需要旁路的集成块的 VCC 或 GND 端,否则不起作用。

4）光电隔离技术

光电隔离技术是一种既简单又高效的抗干扰技术,其先将电信号转化为光信号,再将光信号转化为电信号,在此过程中将干扰信号进行隔离。

光电隔离常采用光电耦合器(光耦)实现,光耦内部由发光二极管和光敏器件构成。一些干扰源产生的干扰电压虽然很高,但总能量很小,只能形成微弱的电流,无法驱动光耦中的发光二极管发光,从而消除其对下一级的影响。另外,光电转换具有单向性,可以防止输出端的强干扰信号回馈至前级电路,因此,光耦能有效地破坏干扰源的进入,可靠地实现信号的隔离,并易构成各种功能状态。

6. 生产工艺设计

电子系统的设计不仅是原理图的设计,还包括生产工艺设计。比如,产品的外形、体积、重量、便携等需求对元器件的封装选择、PCB 设计、甚至原理图设计都有很大影响,这些因素又进一步决定了产品的生产工艺。

电子产品生产工艺是指将电子材料、电子元器件或者电子部件按照既定的装配工艺程序、设计装配图和接线图,按一定的精度标准、技术要求、装配顺序安装在指定的位置上,再用导线把电路的各部分相互连接起来,组成具有独立性能的整体的技术和方法。

一台完善、优质、使用可靠的电子产品(整机),除了要有先进的线路设计、合理的结构设计、采用优质可靠的电子元器件及材料之外,如何制定合理、正确、先进的装配工艺,及操作人员根据预定的装配程序,认真细致地完成装配工作都是非常重要的。

电子产品在生产过程中完成的部件和组装完成后的整机都需要进行测试,提出合理的测试指标和测试方法也是设计人员的重要职责。

5.1.2 模拟/数字转换

1. 模拟/数字转换

自然界中多数参数是模拟量,要用数字技术进行处理这些参数,就要将模拟量转换为数字量。将模拟信号转换为数字信号的过程称为模数转换或 A/D 转换。能够完成这种转换的电路称为模数转换器,简称 ADC。A/D 转换器是数字式仪表、数字控制系统和计算机控制系统中必不可少的一个部件。

随着集成电路技术的发展,现在单片集成 ADC 芯片已非常普及,可以满足不同应用场合的需求。另外,单片机中多数都已在内部集成 10 位 ADC,能满足多数中低精度的要求。

将模拟量转换为数字量需要经过 4 个过程:取样、保持、量化、编码,如图 5.1.5 所示。

图 5.1.5　A/D 转换过程

ADC 电路输入的电压信号 V_1 与输出的数字信号 D 之间的关系为

$$D = K \frac{V_1}{V_{REF}}$$

式中,V_{REF} 为参考电压(标准电压),必须是一个非常稳定的电压源,其稳定程度将直接影响 A/D 转换精度。参考电压对应于数字量的最大值,V_1 要小于等于 V_{REF}。式中 K 是比例系数,随不同系统而不同。

(1) 取样与保持

取样是将时间上连续变化的模拟信号定时加以检测,取出某一时间的值,以获得时间上断续的信号,也称为采样。

取样的作用是将时间上、幅度上连续变化的模拟信号在时间上离散化,如图 5.1.6 所示。

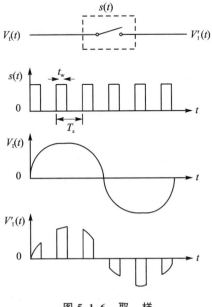

图 5.1.6　取　样

由于取样后的信号与输入的模拟信号相比发生了很大变化,为了保证取样后的信号 $V_\text{I}'(t)$ 能够正确反映输入信号 $V_\text{I}(t)$ 而不丢失信息,则要求取样脉冲信号必须满足取样定理:

$$f_s \geqslant 2f_\text{max}$$

其中, f_s 为取样脉冲信号 $S(t)$ 的频率, f_max 为输入模拟信号中的最高频率分量的频率。一般取 $f_s = (3\sim5)f_\text{max}$。

为了获得一个稳定的取样值,以便进行 A/D 转换过程中的量化与编码工作,需要将取样后得到的模拟信号保留一段时间,直到下一个取样脉冲到来,这就是保持。

经过保持后的信号波形不再是脉冲串,而是阶梯型脉冲信号。

取样和保持两个过程,通常是使用取样保持电路一次完成的。图 5.1.7 为取样保持电路原理图。

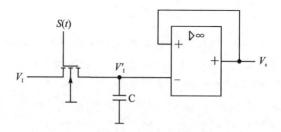

图 5.1.7　取样保持电路原理图

(2) 量化与编码

量化就是将取样保持后的时间上离散、幅度上连续变化的模拟信号取整变为离散量的过程,即将取样保持后的信号转换为某个最小单位电压 Δ 整数倍的过程。

将量化后的信号数值用二进制代码表示,即为编码。对于单极性的模拟信号,一般采用自然二进制码表示;对于双极性的模拟信号,通常使用二进制补码表示。编码后的结果即 ADC 的输出。

量化方法有两种:只舍不入法和有舍有入法,如图 5.1.8 所示,图中将 $0\sim1$ V 之间的模拟电压信号转换成了 3 位二进制代码。

1) 只舍不入法

➤ 当 $0 \leqslant V_s < \Delta$ 时, V_s 的量化值取 0;

➤ 当 $\Delta \leqslant V_s < 2\Delta$ 时, V_s 的量化值取 Δ;

➤ 当 $2\Delta \leqslant V_s < 3\Delta$ 时, V_s 的量化值取 2Δ。

依此类推。可见,采用只舍不入的量化方法时,最大量化误差近似为一个最小量化单位 Δ。

2) 有舍有入法

➤ 当 $0 \leqslant V_s < (\Delta/2)$ 时, V_s 的量化值取 0;

➤ 当 $(\Delta/2) \leqslant V_s < (3\Delta/2)$ 时, V_s 的量化值取 Δ;

> 当$(3\Delta/2) \leqslant V_s < (5\Delta/2)$时,$V_s$的量化值取$2\Delta$。

依此类推。可见,采用有舍有入的量化方法时,最大量化误差不会超过Δ。

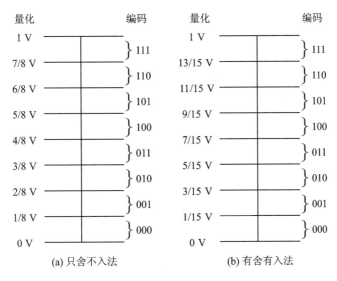

图 5.1.8　两种量化方法

2. 模拟/数字转换器主要参数

模拟/数字转换器的主要参数有输入模拟电压范围、分辨率、转换精度、转换速度等。

输入模拟电压范围:指 ADC 允许输入电压范围,类似于测量仪表的量程,与参考电压源的大小有关,超过这个范围,A/D 转换器将不能正常工作。例如,AD571JD 输入电压范围是:单极性 0~10 V,双极性-5~+5 V。

分辨率:指对于允许范围内的模拟信号,ADC 能输出离散数字信号值的个数。这些信号值通常用二进制数来存储,因此分辨率经常用"位"作为单位,且这些离散值的个数是 2 的幂指数。例如,一个具有 8 位分辨率的模拟数字转换器可以将模拟信号编码成 256 个不同的离散值(因为$2^8 = 256$),根据信号极性可以采用无符号整数或者带符号整数,若采用无符号整数,则数值从 0~255;若采用带符号整数,则数值从-128~127。在输入信号大小相同的情况下,输出数字量的位数越多,分辨率越高,误差越小,转换精度也越高。

转换精度:指产生一个给定的数字量输出所需模拟电压的理想值与实际值之间总的误差,其中包括量化误差、零点误差及非线性等产生的误差。转换精度有绝对精度和相对精度两种表示方法,相对精度=绝对精度/满量程输入电压。

转换速度:一般用转换时间衡量,指从输入转换控制信号到输出端得到稳定的数字信号所需要的时间。不同类型的 ADC,转换速度相差很大:并行比较型 ADC 转换速度最快,可以达到 50 ns;逐次逼近型 ADC 次之,转换速度在 10~100 μs;双积分型 ADC 转换速度较慢,在数十到数百毫秒之间。

除上述参数外,使用 ADC 时,还需要注意参考电压(基准电源)的稳定性、时钟抖动、温度变化的影响等,否则,即使采用更高分辨率 ADC 集成电路也无法达到应有效果。

3. 模拟/数字转换器分类

按信号转换形式,ADC 可分为直接 A/D 型和间接 A/D 型。间接 A/D 型是先将模拟信号转换为其他形式信号,然后再转换为数字信号。直接 A/D 有并行比较型、反馈比较型、逐次渐近比较型,其中逐次渐近比较型应用较广泛。间接 A/D 有单积分型、双积分型和 V－F 变换型,其中以双积分型应用较为广泛。

按照 A/D 转换后数字信号的输出形式,ADC 可分为并行 A/D 和串行 A/D。近年来,在微机控制系统中,串行 A/D 逐渐占据主导地位。

(1) 并行比较型 ADC

电路由电阻分压器、电压比较器、编码器三部分组成。其中,分压器用来确定量化电压;比较器确定取样电压的量化值;编码器对比较器的输出进行编码,输出二进制代码。

这种转换电路的优点是并行转换,速度较快;缺点是使用电压比较器数量较多,若输出 n 位二进制代码,则需 2^n 个分压电阻、2^{n-1} 个电压比较器,导致该电路很难达到很高的转换精度。

(2) 逐次渐近比较型 ADC

逐次渐近比较型 ADC 也称为逐次逼近型 ADC,主要由取样保持电路、电压比较器、控制电路、逐次逼近寄存器、D/A 转换电路、输出电路六部分组成。

与并行比较型 ADC 相比,逐次渐近比较型 ADC 的转换精度较高,但转换速度较慢。由于逐次渐近比较型 ADC 中只使用了一个比较器,芯片占用的面积很小,在速度要求不高的场合具有很高的性价比。这种电路在集成 A/D 芯片中用得较多。

(3) 双积分型 ADC

双积分型 ADC 属于 V－T 变换型 ADC,主要由积分器、比较器、计数器、控制电路、模拟开关等部分组成。它首先将输入模拟信号变换成与其成正比的时间间隔,在此时间间隔内对固定频率的时钟脉冲信号进行计数,所获得的计数值即为正比于输入模拟信号的数字量。

双积分型 ADC 的特点是工作性能稳定,由于输出的数字量与积分器时间常数无关,对积分元件精度要求不高,电路抗干扰能力较强;主要缺点是电路转换速度较慢,常用于万用表等测量仪表。

5.1.3　数字/模拟转换

1. 数字/模拟转换

将数字信号转换为模拟信号的过程称为数模转换,或 D/A 转换。能够完成这种转换的电路称为数模转换器,简称 DAC。

DAC 主要用于数字系统控制模拟执行机构,比如电动机、扬声器、加热器、显示器等。DAC 在音频领域中最为常见,大多数现代的音频信号都以数字信号的形式存储在诸如数字音频播放器和 CD 中,而扬声器(喇叭)是模拟器件,为了使声音能够从扬声器上输出,数字信号必须转换为模拟信号。因此,数字模拟转换器被广泛应用于 CD 播放器、数字音频播放器、IP 电话以及个人计算机的声卡等设备中。

数字/模拟转换的方法有多种,脉冲宽度调制(Pulse-Width Modulator,PWM)是最简单的数字模拟转换器。PWM 是将恒定的电流或电压通过数字信号控制,得到周期相同、脉冲宽度不同的波形,也就是将数字量转换为不同的占空比。占空比渐变的波形的平均值就形成了连续变化的电压值。脉冲宽度调制技术常用于电动机的速度调控。

过采样数字模拟转换器:使用了过采样技术(插值技术),应用在高分辨率(大于 16 位)的数字模拟转换器中,具有高线性和低成本的优势。

二进制加权数字模拟转换器:这种类型的转换器的每一位都具有单独的电子转换模块,然后进行求和。电压或电流求和后输出。这是速度最快的转换方法之一,但是它不得不牺牲一定的精确度,因为这必须要求每一位的电压或电流的精确度都很高。即使能够满足上述要求,这样的设备也很昂贵,因此这类转换器的分辨率通常限制在 8 位。

R-2R 梯形(R-2R ladder)数字模拟转换器:是一种阻值为 R 和 2R 的电阻反复级联结构的二进制加权数字模拟转换器。这样能够改善转换的精确度,然而转换过程所需的时间相对更长,这是因为每一个 R-2R 结构连接的更大的 RC 时间常数。

此外还有逐次逼近数字模拟转换器、元编码数字模拟转换器、混合数字模拟转换器等。

2. 数字/模拟转换器主要参数

数字/模拟转换器的主要参数有分辨率、转换误差、建立时间等。

分辨率:指 DAC 电路能够分辨最小电压(电流)的能力,用来描述 DAC 在理论上达到的精度。一般将其定义为 DAC 最小输出电压(电流)与电压(电流)输出量程之比。最小输出电压是指输入数字量只有最低有效位为 1 时的输出电压,最大输出电压是指输入数字量各位全为 1 时的输出电压。对于 n 位电压输出的 DAC,其分辨率为 $1/(2^n-1)$。DAC 的位数越多,分辨率值越小,在相同条件下输出的最小电压越小。

转换误差:是衡量 DAC 输出的模拟信号理论值与实际值之间差别的一项指标。通常,转换误差的表示方法有两种:绝对误差与相对误差。

绝对误差指电路实际值与理论值之间的最大差别,通常使用最小输出值 LSB 的倍数表示。例如,转换误差为 1/2LSB,说明输出信号的实际值与理论值之间的最大差别是最小输出值 LSB 的 1/2。

相对误差指电路的绝对误差与 DAC 输出量程 FSR 的比。例如,转换误差为 0.02%FSR,说明输出信号的实际值与理论值之间的最大差别是输出量程 FSR 的 0.02%。

建立时间:指将输入的数字量由全 0 突变为全 1(或相反)开始,到输出模拟信号转换到规定误差范围内所用的时间。DAC 中常用建立时间来描述其速度,其输入的数字量变化越大,得到稳定输出所需要的时间就越长。

一般电流输出 DAC 建立时间较短,电压输出 DAC 则较长。根据输出建立时间 t 的大小,DAC 可以分为超高速型($t<0.01$ μs)、高速型($0.01<t<10$ μs)、中速型($10<t<300$ μs)、低速型($t>300$ μs)等几种类型。

其他常见参数还有谐波失真、增益温度系数、功耗、动态范围等。

3. 数字/模拟转换器分类

除按照转换原理,将 DAC 分为脉冲宽度调制、过采样、二进制加权等之外,还可按输出是电流还是电压、能否作乘法运算等进行分类。

大多数集成 DAC 由电阻阵列和 n 个电流开关(或电压开关)构成,按数字输入值切换开关,产生比例于输入的电流(或电压),如图 5.1.9 所示。根据电阻译码网络的不同,可以分为权电阻网络、T 型电阻网络、倒 T 型电阻网络等。此外,为了改善精度,有些集成电路内部集成了恒流源。

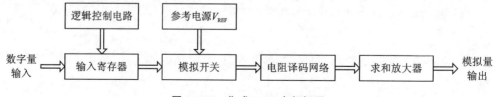

图 5.1.9　集成 DAC 内部框图

如果电流开关型电路直接输出生成的电流,则为电流输出型 DAC;如果经电流-电压转换后输出,则为电压输出型 DAC。此外,电压开关型电路为直接输出电压型 DAC。

(1) 电压输出型 DAC(如 TLC5620)

电压输出型 DAC 虽有直接从电阻阵列输出电压的,但一般采用内置输出放大器以低阻抗输出。直接输出电压的器件仅用于高阻抗负载,由于无输出放大器部分的延迟,故常作为高速 DAC 使用。

(2) 电流输出型 DAC(如 THS5661A)

电流输出型 DAC 很少直接利用电流输出,大多外接电流-电压转换电路得到电压输出有两种方法:一是只在输出引脚上接负载电阻而进行电流-电压转换,二是外接运算放大器。

　　用负载电阻进行电流-电压转换的方法虽可在电流输出引脚上出现电压,但必须在规定的输出电压范围内使用,而且由于输出阻抗高,所以一般外接运算放大器使用。此外,大部分 CMOS DAC 输出电压不为零时不能正确动作,所以必须外接运算放大器。当外接运算放大器进行电流电压转换时,则电路构成基本上与内置放大器的电压输出型相同,这是由于在 D/A 转换器的电流建立时间上加入了运算放大器的延迟,从而使响应变慢。另外,这种电路中运算放大器因输出引脚的内部电容而容易起振,有时必须作相位补偿。

(3) 乘法型 DAC(如 AD7533)

　　DAC 中有使用恒定基准电压的,也有在基准电压输入上加交流信号的;后者由于能得到数字输入和基准电压输入相乘的结果而输出,因而称为乘法型 DA 转换器。

(4) 一位 DAC

　　一位 DAC 与前述转换方式全然不同,它将数字值转换为脉冲宽度调制或频率调制的输出,然后用数字滤波器求平均值而得到一般的电压输出,常用于音频等场合。

5.2　仿真任务_监控报警电路

1. 项目要求

　　监控报警电路是指具有自动测量功能,同时能将测量结果与预先设定值进行比较;当测量结果超过一定范围时,能够给出灯光或声音报警信号的电路。监控报警电路不仅大量应用在工业自动控制设备中,而且还在火警监测、保育箱温度监测、锅炉温度控制、农田自动喷灌控制等生产、生活领域中得到了广泛应用。例如,在孵蛋器中,鸡的孵化温度要求恒定在(38±0.5)℃之间,温度较低时要加温,温度较高时要停止加温;温度过低或者过高都要报警,提醒操作人员介入检查。

　　假设工厂流水线往包装盒装入产品,为了便于营销,产品有大小不同的几种包装盒,分别装入 1~9 件产品。生产时,每个批次只采用一种包装盒,但每天都要换一种包装盒。设计一个监控报警电路,要求能够根据流水线通过的产品数量提示操作人员包装盒是否装满,若不满用绿灯,则表示正在装入产品;若已经装满,则用黄灯提示操作人员进行下一步操作;若是数量超出要求,则用红灯报警。

2. 项目分析

　　本项目要求测量流水线上经过的产品数量,仅需要对 1~9 件产品进行计数,所以计数器的模和显示译码电路都较为简单。

　　本项目需要根据不同批次的包装盒大小设置不同的报警门限,所以需要按键进行预置门限,而多个按键需要使用编码器才能简化设计;此外,还需要寄存器存储输入的门限数值,以便反复与计数器的测量数值进行比较。

本项目的核心是测量值与报警门限的比较,所以需要使用比较器进行数值比较,最后还需要使用发光二极管进行比较结果的显示。

为了便于更换包装盒进行不同批次生产,本项目还应具有对寄存器和计数器复位的功能。

综上所述,可绘制监控报警电路系统框图,如图5.2.1所示。为便于观察实际产品数量,图中包括了用数码管显示实际产品数量的功能。如果想观察门限设定值,可以在寄存器后面加上译码显示器和数码管。为简单起见,本项目省略了显示门限值的功能。

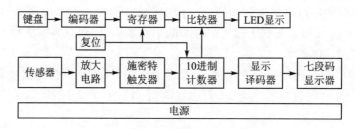

图 5.2.1　监控报警电路系统框图

3. 电路设计

(1) 产品计件电路设计

利用同步十进制计数器74LS160实现计数功能,仿真时用电位器代替实际传感器,经三极管放大其电信号,利用施密特触发器整形。设计电路如图5.2.2所示。

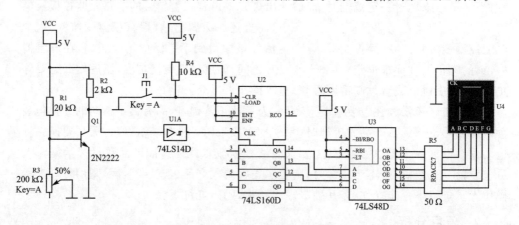

图 5.2.2　产品计件电路

(2) 按键编码电路设计

因为报警门限可能为1~9,所以需要9个按键,因此,可以选用74LS147作为按键编码电路,如图5.2.3所示。74LS147具有优先编码功能,对输入的低电平进行编码,输出反码,按照图中按键所示位置,输出为 5 的二进制反码,DCBA＝1010。

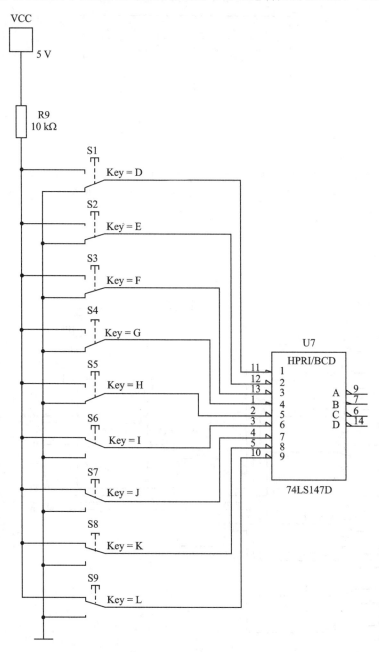

图 5.2.3　按键编码电路

(3) 寄存器电路设计

本项目需要对用按键设置的门限代码进行存储,因为只有 4 位二进制代码,所以只需要 4 位寄存器即可,可以选用 74LS175 作为存储器件,其功能如表 5.2.1 所列。

表 5.2.1　74LS175 功能表

输　入			输　出	
Clear	Clock	D	Q	$\overline{Q}$
0	×	×	0	1
1	↑	1	1	0
1	↑	0	0	1
1	0	×	Q_0	$\overline{Q_0}$

根据项目要求和表 5.2.1,在图 5.2.3 基础上增加寄存器,如图 5.2.4 所示。图中 J1 为寄存器复位按钮,因为 74LS175 为低电平复位,所以按 J1 会将输出 Q 清零,$\overline{Q}$ 置 1。J2 为寄存器时钟按钮,因为 74LS175 为时钟上升沿有效,所以,按下按钮 J2 时输出不会发生改变,松开 J2 时输出才会改变。

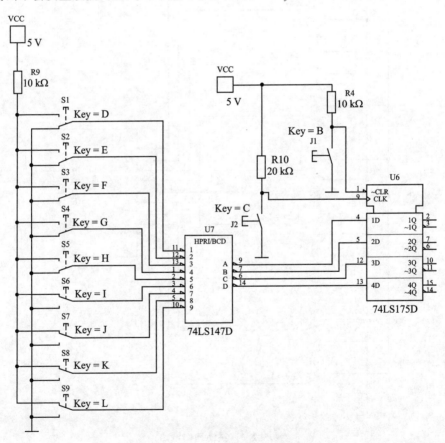

图 5.2.4　增加寄存器电路

（4）比较器电路设计

在图 5.2.1 和图 5.2.4 基础上，需要对 74LS175 中寄存的预置门限和 74LS160 中的实际产品数量进行比较，由于它们都是 4 位二进制数，是两个多位数据比较大小，采用集成比较器能简化设计，故根据两个数据的位数选用集成比较器 74LS85，其真值表如表 5.2.2 所列。从真值表中可以看出，74LS85 比较两个数大小的方法是先比较最高位，当两者相等时再比较次高位，以此方法逐位比较；比较结果由高位决定，高位比出结果时，低位就不需要再比较大小。如果各位都相等，则根据级联输入端的值给出比较结果。当要比较的数据位数超出集成比较器允许位数时，可以采用级联的方法进行扩展。

表 5.2.2　集成比较器 74LS85 真值表

比较输入				级联输入			输　出		
A_3,B_3	A_2,B_2	A_1,B_1	A_0,B_0	A>B	A<B	A=B	A>B	A<B	A=B
$A_3>B_3$	×	×	×	×	×	×	1	0	0
$A_3<B_3$	×	×	×	×	×	×	0	1	0
$A_3=B_3$	$A_2>B_2$	×	×	×	×	×	1	0	0
$A_3=B_3$	$A_2<B_2$	×	×	×	×	×	0	1	0
$A_3=B_3$	$A_2=B_2$	$A_1>B_1$	×	×	×	×	1	0	0
$A_3=B_3$	$A_2=B_2$	$A_1<B_1$	×	×	×	×	0	1	0
$A_3=B_3$	$A_2=B_2$	$A_1=B_1$	$A_0>B_0$	×	×	×	1	0	0
$A_3=B_3$	$A_2=B_2$	$A_1=B_1$	$A_0<B_0$	×	×	×	0	1	0
$A_3=B_3$	$A_2=B_2$	$A_1=B_1$	$A_0=B_0$	1	0	0	1	0	0
$A_3=B_3$	$A_2=B_2$	$A_1=B_1$	$A_0=B_0$	0	1	0	0	1	0
$A_3=B_3$	$A_2=B_2$	$A_1=B_1$	$A_0=B_0$	0	0	1	0	0	1
$A_3=B_3$	$A_2=B_2$	$A_1=B_1$	$A_0=B_0$	×	×	1	0	0	1
$A_3=B_3$	$A_2=B_2$	$A_1=B_1$	$A_0=B_0$	1	1	0	0	0	0
$A_3=B_3$	$A_2=B_2$	$A_1=B_1$	$A_0=B_0$	0	0	0	1	1	0

将计数器的输出作为数据 A 输入，将寄存器的输出作为数据 B 输入。由于编码器 74LS147 为反码输出，故寄存器 74LS175 的反码输出就是按键的原码，将 74LS175 的 $\overline{Q}$ 端连接到 74LS85 的 B 输入。由于比较器没有多片级联，所以级联输入选择 A=B。74LS85 的输出通过发光二极管显示比较结果。

综上可得本项目的总电路图，如附录工作任务单中的电路图所示。

5.3 实操任务_秒表电路

1. 项目要求

对时间的计量是人类日常生活的基本需求,更是工业生产和科学探索中重要的基本技术。1967年10月召开的第十三届国际计时大会正式定义的1 s,是指铯原子跃迁振荡9 192 631 770个周期所经历的时间。目前,原子钟是最精确的计时工具,时间精度可达10^{-14} s,广泛应用于火箭发射、卫星通信、科学实验等高精尖领域。其次,是国家授时中心发布的标准时间,标准时间也采用原子钟计时,随互联网、无线广播信号和电视信号发布,授时精度可达微秒级,也是很精确的时间信号。再次,是采用石英晶体的振荡器电路。石英晶体振荡器主要分为普通晶体振荡器、电压控制式晶体振荡器、温度补偿式晶体振荡和恒温控制式晶体振荡。其中,普通晶体振荡器可产生$10^{-5}\sim10^{-4}$量级的频率精度,恒温控制式晶体振荡器将晶体和振荡电路置于恒温箱中,以消除环境温度变化对频率的影响,频率精度是$10^{-10}\sim10^{-8}$量级,频率稳定度最高。价格低廉的普通石英晶体振荡器足以满足大多数生产、生活所需的计时需求,比如计算机、电子钟表、手机、电视机。最后,在很多不需要精确计量时间的场合,为了节约成本,并不使用石英晶体,而是采用RC振荡器、LC振荡器等,比如收音机、夜景闪烁灯、洗衣机、电烤箱等。

假设某处需要一个不需严格计时的秒表电路,则采用555定时器构成的多谐振荡器作为时钟源,设计一个能够实现60 s计时的秒表。

2. 项目分析

多谐振荡器不需要输入信号,通电即能输出矩形脉冲;如果频率很高,则需要分频器降低频率,数字分频器就是计数器。在很多要求较高的场合,时钟内部采用32 768 Hz的石英晶体振荡器作为时钟源,然后进行32 768(即2^{15})分频得到1 Hz的信号。本项目对时间精度要求不高,用555定时器构成输出周期为1 s的多谐振荡器,就可以省略分频器。

通过对多谐振荡器输出脉冲个数的计数,可以得到时间长短的计量;假设多谐振荡器输出脉冲周期为1 s,则计数结果是多少,时间就有多少秒。本项目需要实现60 s计时,也就是需要能实现0~59计数的计数器,所以,本项目需要设计60进制计数器。

秒表计时结果应具有方便易读的显示方式,本项目可以采用七段码数码管显示,所以需要设计译码显示电路。

综上所述,可得秒表电路系统框图,如图5.3.1所示。

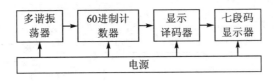

图 5.3.1 秒表电路系统框图

3. 电路设计

(1) 多谐振荡器设计

利用 555 定时器构成多谐振荡器,通过计算选取电阻、电容等定时元件。所需输出脉冲周期为 1 s,根据公式:

$$T = 0.7(R_1 + 2R_2)C$$
$$1 = 0.7(R_1 + 2R_2)C$$

假设 C = 10 μF,$R_1 + 2R_2 \approx 143$ kΩ;若令 R1 的阻值为 43 kΩ,则 R2 的阻值为 50 kΩ。

按照设计参数画出电路图,如图 5.3.2 所示。

选取电阻和电容时,尽量按照电阻、电容系列值进行选取。因为电阻有误差,所以,很多电子设备都有调试电位器,用来调节设备,使其工作在最佳状态。因为本项目对时间精度要求不高,所以就不再装设调节电位器,这样可以降低成本,减少日后设备维护的工作量。

(2) 计数器电路设计

本项目要求实现 60 进制计数器,为便于用数码管显示,采用集成十进制计数器 74LS160 级联方式,如图 5.3.3 所示。图中两片 74LS160 采用同步级联、异步复位的方式构成 60 进制计数器。

(3) 译码显示电路设计

由于采用数码管显示,所以需要将计数器 74LS160 的输出进行显示译码,然后,通过限流电阻驱动七段数码管。本项目采用

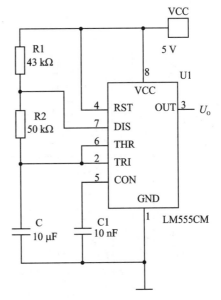

图 5.3.2 周期为 1 s 的多谐振荡器

74LS48 进行显示译码,使用共阴极数码管显示,将译码显示电路与计数器电路相连,如图 5.3.4 所示;为减少仿真等待时间,图中时钟脉冲采用了较高的频率。

(4) 总体电路图

用多谐振荡器代替图 5.3.4 中的时钟脉冲 V1 即可得到总体电路,如附录工作

任务单中电路图所示。

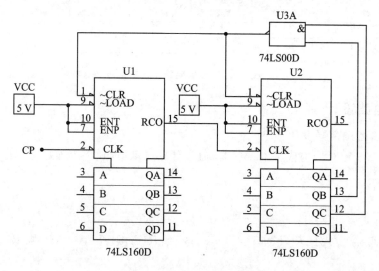

图 5.3.3　同步 60 进制计数器

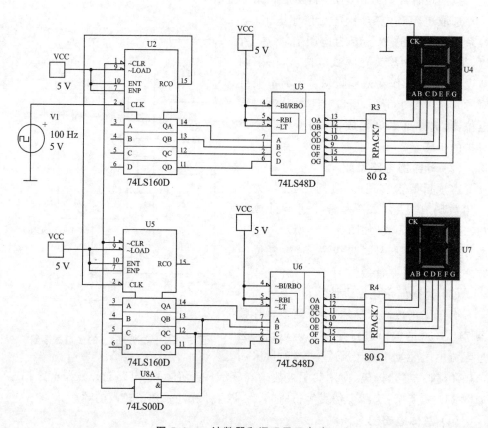

图 5.3.4　计数器和译码显示电路

5.4　拓　展

5.4.1　知识拓展

1. 噪声容限

噪声容限是指在前一级输出为最坏的情况下,为保证后一级正常工作所允许的最大噪声幅度。也就是说,当输入电平受噪声干扰时,为保证电路维持原输出电平,允许叠加在原输入电平上的最大噪声电平被称为噪声容限。噪声容限越大说明容许的噪声越大,电路的抗干扰性越好。

噪声容限可分为低电平噪声容限 $U_{\rm NL}$ 和高电平噪声容限 $U_{\rm NH}$,噪声容限示意图如图 5.4.1 所示。

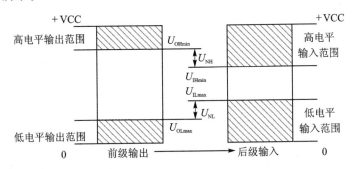

图 5.4.1　噪声容限

高电平噪声容限 $U_{\rm NH}=U_{\rm OHmin}-U_{\rm IHmin}$

低电平噪声容限 $U_{\rm NL}=U_{\rm ILmax}-U_{\rm OLmax}$

74LS 系列 $U_{\rm NH}=2.7\ \text{V}-2\ \text{V}=0.7\ \text{V},U_{\rm NL}=0.8\ \text{V}-0.5\ \text{V}=0.3\ \text{V}$

CMOS 集成电路的噪声容限与电源电压有关,电源电压越高,噪声容限越大。74HC 系列在 4.5 V 电源电压时,若输出电流为 4 mA,则:

$$U_{\rm NH}=3.84\ \text{V}-3.15\ \text{V}=0.69\ \text{V},\qquad U_{\rm NL}=0.9\ \text{V}-0.33\ \text{V}=0.57\ \text{V}$$

若输出电流为 20μA,则:

$$U_{\rm NH}=4.4\ \text{V}-3.15\ \text{V}=1.25\ \text{V},\qquad U_{\rm NL}=0.9\ \text{V}-0.1\ \text{V}=0.8\ \text{V}$$

上述两组数据相差较大,因此,CMOS 集成电路的噪声容限应该根据实际工作情况按集成电路数据手册计算。在一般估算时,74HC 系列可以按 $U_{\rm NH}=0.29\text{VCC}$、$U_{\rm NL}=0.19\text{VCC}$ 计算。

2. 电平兼容

根据前述噪声容限的知识可知,两个门电路若要级联使用,两者噪声容限必须大于等于零,否则,即使没有干扰,也会发生逻辑错误,这就是电平兼容问题。同系列的集成电路级联使用没有电平兼容问题,只有不同系列电路级联时才需要考虑该问题。

图 5.4.2 给出了常见各种数字集成电路的电平值,它们之间只要满足 $V_{OH} \geqslant V_{IH}$ 且 $V_{OL} \leqslant V_{IL}$ 即可级联;当然,噪声容限不宜过小,以免经常因干扰出错。图中 V_T 为转折电压。

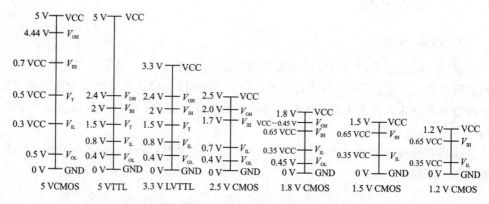

图 5.4.2　常见数字集成电路电平

74HCT 系列集成电路只能采用+5 V 电源,电平与 74LS 系列完全兼容,可直接相互连接。

采用+5 V 电源时,74HC 系列集成电路可以驱动 74LS 系列,CMOS 4000 系列可以驱动一个(不能多个)74LS 系列负载门电路。

当 CMOS4000 系列和 74HC 系列采用+3 V 电源时,电平与 74LS 系列兼容,能直接互相连接;但是,受带负载能力影响,CMOS4000 系列和 74HC 系列不能带过多负载。采用其他更高电源电压时,74LS 系列集成电路就不能直接驱动它们。

当电平不能兼容时,需要采用匹配电路进行电平匹配。

3. 竞争-冒险现象

在组合逻辑电路中,当任何一个门电路有两个输入信号同时向相反方向变化(由 0、1 变为 1、0 或反之)时,则存在冒险(或称为险象)。例如,在图 5.4.3 中,与门有两个输入端 A 和 B,无论 A、B 两个输入信号是 0、1 还是 1、0,输出 F 都应为低电平不变。但是,当 A、B 两个输入信号由 0、1 同时变为 1、0 时,由于实际信号在电平变化时需要过渡时间,所以,门电路会在过渡区输出干扰脉冲,如图中 F 波形所示。

当一个门的输入有两个或两个以上的变量发生改变时,如果这些变量是由一个信号经过不同路径产生的,因为路径不同会使得延时不同,所以它们状态改变的时刻有先有后,这种时差就会引发竞争。这种竞争不一定会产生尖峰脉冲(电压毛刺),只是有可能产生,因此称为冒险。也就是说,有竞争不一定会产生冒险,但有冒险就一定有竞争。

竞争-冒险产生的尖峰脉冲等同于干扰,区别仅在于尖峰脉冲来自电路内部,而干扰来自电路外部。不同电路对尖峰脉冲的敏感程度不同,需要根据具体要求判断是否需要消除尖峰脉冲。

从冒险的波形上看,组合逻辑电路的冒险可分为静态冒险和动态冒险。若输入信号变化前后输出的稳态值是一样的,但在输入信号变化时,输出信号产生了毛刺,这种冒险是静态冒险。输入信号变化前后,输出的稳态值不同,并在边沿处出现了毛刺,称为动态险象(冒险)。

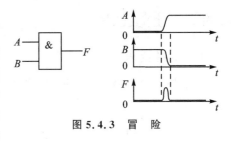

图 5.4.3　冒　险

在判断一个电路是否会发生竞争-冒险现象时,可以采用代数法或实验法。代数法是用逻辑分析的方法,只要在一定的条件下,门电路的输出端表达式可以简化成两个互补信号相与或者相或的形式,即 $F = A \cdot \overline{A}$ 或 $F = A + \overline{A}$ 的形式,那么就可以判断电路存在竞争-冒险。例如,$F = AB + \overline{A}C$ 在 B=C=1 时,就会出现竞争-冒险。

实验法可以采用仿真软件测试和实际电路测试的方法,仿真软件测试方便快捷,但可能与实际电路工作状态有出入,实际电路测试的结果才是最终结论。

4. 消除竞争-冒险现象的方法

消除竞争-冒险现象的主要目的是避免尖峰脉冲造成逻辑错误,因此可以从两个角度考虑这个问题,一是修改逻辑,避免产生尖峰脉冲,二是修改电路,削弱尖峰脉冲的不良影响。常用的竞争-冒险消除的方法有:

(1) 接入滤波电容

在电路输出端并接一个不太大的滤波电容就可使干扰脉冲幅值变得很小,从而消除其对后续电路的影响。这种方法简单易行,但输出电压波形随之变化,故只适用于对输出波形前后沿无严格要求的场合。

(2) 修改逻辑设计

对于单个变量的状态变化所引起的竞争冒险,可用增加冗余项的方法加以消除。例如,对于 $F = AB + \overline{A}C$ 可以增加冗余项 BC,变为 $F = AB + \overline{A}C + BC$,两者逻辑关系相同,而后者消除了 B=C=1 时的竞争-冒险。

(3) 选用可靠性编码

格雷码、约翰逊码等代码的任何两个相邻码的状态在逻辑上具有相邻性,用这些代码作为组合电路的输入时,不会发生两个或两个以上变量同时变化的情况,因此大大降低了产生竞争冒险的可能性,但此法对单个变量引起的竞争冒险无效。

(4) 引入封锁脉冲或选通脉冲

这种方法的原理是:利用引入的脉冲控制电路,使其在竞争冒险期间输出原值不变。只有当输入信号的变化结束(已达稳态时),控制脉冲才允许电路输出新值。这样,竞争冒险就被封锁或避开了。这种方法的局限性在于能否找到合适的封锁脉冲或选通脉冲。

5.4.2 任务拓展

1. 项目要求

对监控报警电路进行拓展,使之能对模拟量进行监控报警,如对温度、压力、流量或湿度等模拟量进行监控和超限报警。

2. 项目分析

图 5.4.4 为仿真示例,图中用 R3 代替温度、光照等模拟量传感器,V_{ref+} 表示 A/D 转换的参考电压高电平,V_{ref-} 表示 A/D 转换的参考电压低电平,输入信号 V_{in} 的电压值应在 $V_{ref-} \sim V_{ref+}$ 之间。J1 用于产生采样脉冲,每按一次会对 V_{in} 信号进行一次 A/D 转换。

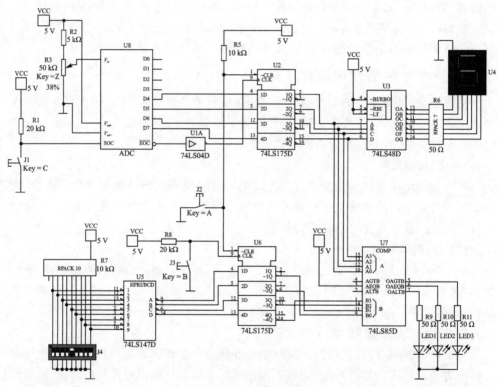

图 5.4.4 参考电路

图中 ADC 输出有 8 位数据,为简单起见,本图只选择了高 4 位进行存储和比较,这样就会有一定的误差。如果要求精度较高,就需要将 8 位数据全部存储,要采用 8 位存储器(U2),用于比较大小的数值比较器(U7)也应采用 8 位比较器,这样才能达到提高精度的目的。

5.5　本章小结

知识小结

本章主要侧重数字电子技术综合应用,对前面几章没有涉及的相关知识进行了扩展,主要包括电子系统设计、模拟/数字转换、数字/模拟转换等知识。

综合应用电路是指在设计电路过程中使用到了数字电路多个课程单元内容的较复杂电路,具有一定实际应用价值。在综合应用电路设计时,往往还要用到模拟电子技术知识、传感器知识,这是因为客观世界是模拟的,而且需要用传感器去感知,所以纯数字电路很少独立工作,仅限于计算器、计算机、数字时钟等。但是,因为数字集成电路技术的飞速发展,使用数字技术实现复杂系统的成本极低,所以数字技术又非常重要,数字电路一般是复杂系统的核心部分。

设计复杂系统时,首先要分析系统功能、规划系统模块、绘制系统框图,之后才是电路设计、仿真、准备元器件、安装和调试等工作。

本章有些内容在前面各章有所涉及,此处为总结、提高性质,有些内容是为了与其他课程衔接所做的铺垫。

技能小结

本章在技能方面除了用到前几章练习技能,还需要综合模拟电子技术和传感器技术的很多技能。

本章主要对综合应用电路进行仿真和装调,使用的技能较多,需要认真训练,以提高熟练度。

项目完成时要及时记录整理相关数据和资料,分析项目中遇到的问题,尽快完成技术报告,以免忘记或遗漏。

5.6　思考与提高

1. 逻辑思维训练:

某国有一家非常受欢迎的冰淇淋店,最近将一种冰淇淋的单价从过去的 1.80 元提到 2 元,销售仍然不错。然而,在提价一周之内,几个服务员陆续辞职不干了。

下列哪一项最能解释上述现象?(　　　)

A. 提价后顾客不再像过去那样能将剩下的零钱作为小费。

B. 提高价格使该店不能继续保持其冰淇淋良好的市场占有率。

C. 尽管冰淇淋涨价了,老主顾们依然经常光顾该店。

D. 尽管提了价,该店的冰淇淋仍然比其他商店卖得便宜。

E. 冰淇淋的提价对店员们的工资水平并没有影响。

2. 思维拓展训练：

一个巨大的圆形水池周围布满了老鼠洞,猫追老鼠到水池边,老鼠未来得及进洞就掉入水池里。猫继续沿水池边缘企图捉住老鼠(猫不入水)。已知猫的奔跑速度是鼠游泳速度的 4 倍,问老鼠是否有办法摆脱猫的追逐?

3. 在图 5.6.1 中,已知发光二极管的正向压降 $U_D =$ 1.7 V,参考工作电流 $I_D = 10$ mA,TTL 门输出的高低电平分别为 $U_{OH} = 3.6$ V,$U_{OL} = 0.3$ V,允许的灌电流和拉电流分别为 $I_{OL} = 15$ mA,$I_{OH} = 10$ mA。试计算电阻 R 的大小。

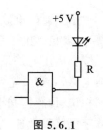

图 5.6.1

4. 查阅 RAM2114 的资料,将其扩展成 2K×8 的存储器。

5. 谈一谈学习数字电子技术的体会,写出学习总结。

5.7 本章习题

一、单选题

1. 输入为 2 kHz 矩形脉冲信号时,欲得到 500 Hz 矩形脉冲信号输出,应采用(   )。

A. 多谐振荡器　　　　　　　　B. 施密特触发器

C. 单稳态触发器　　　　　　　D. 二进制计数器

2. 能把 2 kHz 正弦波转换成 2 kHz 矩形波的电路是(   )。

A. 多谐振荡器　　　　　　　　B. 施密特触发器

C. 单稳态触发器　　　　　　　D. 二进制计数器

3. 当输入模拟电压最大值为 +5 V 时,若采用 8 位 ADC,则其分辨率为(   )。

A. 19.53 mA　　　　B. 10 mV　　　　C. 19.53 Ω　　　　D. 19.53 mV

4. A/D 转换一般分为采样、保持、量化、(   )这几步完成。

A. 存储　　　　　　B. 计算　　　　　C. 编码　　　　　D. 异或

5. DAC 是(   )的简称。

A. 模数转换器　　　　　　　　B. 数/模转换器

C. 数模转换　　　　　　　　　D. 模/数转换

二、填空题

1. 将模拟量转换为数字量,采用_____转换器。

2. 将数字量转换为模拟量,采用_____转换器。

3. SoC 的中文含义是_____。

4. DC/DC 电源是指_____。

5. 光电隔离技术是指_____。

三、判断题

1. 优秀的电路实现方案应该是简洁、可靠的,要控制成本以提高产品竞争力。(　　)

2. 开关电源的优点是体积小、干扰小,因此得到了广泛应用。(　　)

3. 双积分型 ADC 工作速度快、抗干扰能力强,经常用于万用表电路。(　　)

4. DAC 电路的分辨率是指能够分辨最小电压(电流)的能力,用于描述精度。(　　)

5. 取样定理是说取样脉冲信号的频率应大于等于输入模拟信号中的最高频率分量的 2 倍。(　　)

四、已知 CT74LS00 的引脚图如图 5.7.1 所示,试在图中作适当连接,以实现函数 $Y = \overline{A}C + B$。

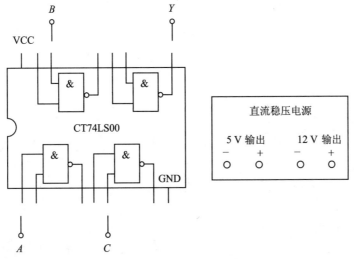

图 5.7.1

五、图 5.7.2 为简易门铃电路,设电路中元器件参数合适,R≫R1,S 为门铃按钮,当按钮按一下放开后,门铃可响一段时间。

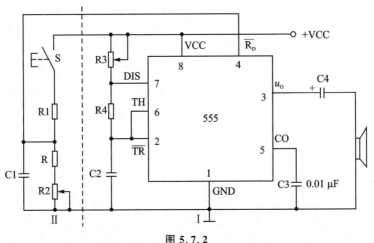

图 5.7.2

（1）指出电路"Ⅰ"的名称。

（2）分析电路"Ⅱ"在门铃电路中的作用。

（3）欲调高铃声的音调，应如何调节？

（4）欲延长门铃响的时间，又如何调节？

参考文献

[1] 刘邦凡.论逻辑与教育[J].教学研究,2001,24(2).

[2] 周晓聪.离散数学基础[J].数理逻辑,2008.

[3] 黑格尔.逻辑学(上卷)[M].杨之一,译.北京:商务印书馆,2003.

[4] 阎石.数字电子技术基础[M].5版.北京:高等教育出版社,2006.

[5] 李庆常.数字电子技术基础[M].北京:机械工业出版社,2010.

[6] 吴炎波,邓冠群.数字电路中竞争冒险现象的分析与研究[J].科技创新导报,2011,22(9).

[7] 鲁俊生.数字电路中竞争冒险的研究[J].中外企业家,2009,6(下).

[8] 贾世胜.关于组合逻辑电路中竞争-冒险的研究[J].现代电子技术,2009,17:185-190.

[9] http://www.ti.com.cn.

[10] 黄新林,王刚.刘春刚有限状态机在单片机编程中的应用[J].哈尔滨理工大学学报,2008,13(4).

[11] 杨志忠.数字电子技术基础[M].北京:高等教育出版社,2004.

[12] Thoma L.Floyd.数字电子技术[M].余璆,译.9版.北京:电子工业出版社,2008.

附录 工作任务单

附表 1　门电路逻辑功能测试工作任务单

任务信息	任务名称	门电路逻辑功能测试	完成人	
	任务工单号	1.1	工位号	
客户信息	单位名称		联系电话	
	产品型号		任务日期	
特别需求				
任务内容	利用仿真软件对门电路逻辑功能进行测试			
任务目标	**知识目标** • 掌握门电路的真值表、表达式,并能够互相转换 • 掌握门电路的符号 **技能目标** • 掌握仿真软件使用方法 • 会测试门电路的逻辑功能 **素养目标** • 安全规范、严谨细致、节约能源,勇于探索的科学态度 • 自主学习,主动完成任务内容,提炼学习重点 • 团结合作,主动帮助同学,善于协调工作关系			
所需集成 门电路	74LS00			
所用仿真 软件名称 和版本号				

附表 1

在仿真软件中查找其符号	(绘制符号)		
绘制能产生高低电平的信号源	(绘制电路图)		
万用表测试	(能否产生高低电平)		

连接信号源和门电路，用万用表测试输出电压	输入		输出电压/V
	A	B	
	0	0	
	0	1	
	1	0	
	1	1	

发光二极管显示输出电平高低	(绘制电路图)		
	输入		输出电平
	A	B	
	0	0	
	0	1	
	1	0	
	1	1	

附表 1

用示波器测试输出信号高低电平	输入		输出电平
	A	B	
	0	0	
	0	1	
	1	0	
	1	1	

门电路的表达式	

5S 完成情况	

经验体会总结	

评价考核	自评：	他评：	总评：

附表 2　门电路的使用与测试工作任务单

任务信息	任务名称	门电路的使用与测试	完成人	
	任务工单号	1.2	工位号	
客户信息	单位名称		联系电话	
	产品型号		任务日期	
特别需求				
任务内容	• 测试门电路逻辑功能 • 测试门电路电气参数			
任务目标	**知识目标** • 掌握门电路的真值表、表达式,并能够互相转换 • 掌握门电路的符号 **技能目标** • 掌握门电路的使用方法 • 会测试门电路的电气参数 **素养目标** • 安全规范、严谨细致、节约能源,勇于探索的科学态度 • 自主学习,主动完成任务内容,提炼学习重点 • 团结合作,主动帮助同学,善于协调工作关系			
集成电路 型号识别	74LS08			

电路元器件检测

序号	名称	型号	数量	检测结果
1				
2				
3				
4				
5				
6				

查找门电路数据手册	（绘制引脚图和符号）
按照电路图连线	
电路连接是否完成	
有无短路现象	

测试逻辑功能

输入		输出
A	B	Y
0	0	
0	1	
1	0	
1	1	

门电路的 表达式	
按照电路图 连线	VCC 5.0 V R2 100 Ω LED1 U1A & 74LS08D R1 50% 10 kΩ Key=A
电路连接 是否完成	
有无短路 现象	
用万用表测试	(调节 R1,用万用表测试发光二极管熄灭时 R1 的电阻值)

附表 2

用示波器 测试	(用示波器测试电路中各点的电压值)
5S 完成情况	
经验体会总结	

评价考核	自评:	他评:	总评:

附表 3　数值比较器工作任务单

任务信息	任务名称	一位数值比较器	完成人	
	任务工单号	2.1	工位号	
客户信息	单位名称		联系电话	
	产品型号		任务日期	
特别需求				
任务内容	• 利用集成译码器实现一位数值比较器的设计 • 对设计结果进行仿真测试			
任务目标	**知识目标** • 掌握组合电路的设计方法 • 掌握组合电路的仿真测试方法 **技能目标** • 能按照原理图连接组合电路 • 会利用发光二极管或万用表等方式测试组合电路的逻辑功能 **素养目标** • 安全规范、严谨细致、节约能源,勇于探索的科学态度 • 自主学习,主动完成任务内容,提炼学习重点 • 团结合作,主动帮助同学,善于协调工作关系			
逻辑关系	见表 2.2.1			
根据真值表 写出表达式	$Y_{A<B}=$ $Y_{A=B}=$ $Y_{A>B}=$			
分析并确定 所需的译码器 输入/输出端子	（标出信号名称）			

U1

1	A	Y0	15
2	B	Y1	14
3	C	Y2	13
		Y3	12
6	G1　&	Y4	11
4	~G2A	Y5	10
5	~G2B	Y6	9
		Y7	7

74LS138D

附表 3

译码器输出端表达式	
用译码器输出端实现逻辑关系表达式	$Y_{A<B} =$ $Y_{A=B} =$ $Y_{A>B} =$
绘制电路图	
逻辑功能测试	<table><tr><td colspan="2">输　入</td><td colspan="3">输　出</td></tr><tr><td>B</td><td>A</td><td>$Y_{A<B}$</td><td>$Y_{A=B}$</td><td>$Y_{A>B}$</td></tr><tr><td>0</td><td>0</td><td></td><td></td><td></td></tr><tr><td>0</td><td>1</td><td></td><td></td><td></td></tr><tr><td>1</td><td>0</td><td></td><td></td><td></td></tr><tr><td>1</td><td>1</td><td></td><td></td><td></td></tr></table>
5S 完成情况	
经验体会总结	
评价考核	自评：　　　　　他评：　　　　　总评：

附表 4　多数表决电路工作任务单

任务信息	任务名称	多数表决电路	完成人	
	任务工单号	2.2	工位号	
客户信息	单位名称		联系电话	
	产品型号		任务日期	
特别需求				
任务内容	• 了解组合电路设计实现流程 • 对多数表决电路安装、调试			
任务目标	**知识目标** • 掌握组合电路的设计方法 • 掌握组合电路的安装调试方法 **技能目标** • 能按照原理图连接组合电路 • 会利用发光二极管或万用表等方式测试组合电路的逻辑功能 **素养目标** • 安全规范、严谨细致、节约能源、勇于探索的科学态度 • 自主学习，主动完成任务内容，提炼学习重点 • 团结合作，主动帮助同学，善于协调工作关系			
电路图	见图 2.3.4			
集成电路引脚图	 VCC 14 13 12 11 10 9 8 1 2 3 4 5 6 7 GND 74LS54			

附表 4

	序号	名称	型号	数量	检测结果
元器件检测	1				
	2				
	3				
	4				

电路连接是否完成	

有无短路现象	

逻辑功能测试

输入			输出
A	B	C	Y
0	0	0	
0	0	1	
0	1	0	
0	1	1	
1	0	0	
1	0	1	
1	1	0	
1	1	1	

5S完成情况	

经验体会总结	

评价考核	自评：	他评：	总评：

附表5　寄存器工作任务单

任务信息	任务名称	寄存器	完成人	
	任务工单号	3.1	工位号	
客户信息	单位名称		联系电话	
	产品型号		任务日期	
特别需求				
任务内容	• 仿真测试移位寄存器的逻辑功能			
任务目标	**知识目标** • 掌握移位寄存器的逻辑功能 • 掌握移位寄存器的仿真测试方法 **技能目标** • 能按照原理图连接移位寄存器电路 • 会利用发光二极管方式测试寄存器逻辑功能 **素养目标** • 安全规范、严谨细致、节约能源,勇于探索的科学态度 • 自主学习,主动完成任务内容,提炼学习重点 • 团结合作,主动帮助同学,善于协调工作关系			
4位双向移位寄存器74LS194符号	U7 1 ~CLR 9 S0 10 S1 11 ▷CLK 2 SR 3 A Q_A 15 4 B Q_B 14 5 C Q_C 13 6 D Q_D 12 7 SL 74LS194D			

74LS194 真值表

$\overline{\text{(CLR)}}$	模式 S1	模式 S0	CLK	串行 SL	串行 SR	并行 A	并行 B	并行 C	并行 D	输出 Q_A	输出 Q_B	输出 Q_C	输出 Q_D
0	×	×	×	×	×	×	×	×	×	0	0	0	0
1	×	×	0	×	×	×	×	×	×	Q_{A0}	Q_{B0}	Q_{C0}	Q_{D0}
1	1	1	↑	×	×	a	b	c	d	a	b	c	d
1	0	1	↑	×	1	×	×	×	×	1	Q_{An}	Q_{Bn}	Q_{Cn}
1	0	1	↑	×	0	×	×	×	×	0	Q_{An}	Q_{Bn}	Q_{Cn}
1	1	0	↑	1	×	×	×	×	×	Q_{Bn}	Q_{Cn}	Q_{Dn}	1
1	1	0	↑	0	×	×	×	×	×	Q_{Bn}	Q_{Cn}	Q_{Dn}	0
1	0	0	×	×	×	×	×	×	×	Q_{A0}	Q_{B0}	Q_{C0}	Q_{D0}

仿真测试电路

（电路图：VCC 5 V、R3 5 kΩ、R4 5 kΩ、XFG1、R1 5 kΩ、VCC 5 V、U1 74LS194D、键=A、键=N(S0)、键=M(S1)、VCC 5 V、A B C D SL SR S0 S1 ~CLR CLK GND、VCC 16、QA 15、QB 14、QC 13、QD 12、LED1、RPACK 4、R2 50 Ω、VCC 5 V）

$\overline{\text{CLR}}$ 功能测试

$\overline{\text{(CLR)}}$	模式 S1	模式 S0	CLK	串行 SL	串行 SR	并行 A	并行 B	并行 C	并行 D	输出 Q_D	输出 Q_C	输出 Q_B	输出 Q_A
0	×	×	×	×	×	×	×	×	×				

模式 11 测试

$\overline{\text{(CLR)}}$	模式 S1	模式 S0	CLK	串行 SL	串行 SR	并行 A	并行 B	并行 C	并行 D	输出 Q_D	输出 Q_C	输出 Q_B	输出 Q_A
1	1	1	↑	0	0	1	0	0	0				
1	1	1	↑	0	1	1	0	0	1				
1	1	1	↑	1	0	1	1	0	1				
1	1	1	↑	1	1	0	0	1	1				

附表 5

模式 01 测试	输　入										输　出			
	$\overline{(CLR)}$	模式		CLK	串行		并行				Q_D	Q_C	Q_B	Q_A
		S1	S0		SL	SR	A	B	C	D				
	1	0	1	↑	0	0	1	0	0	0				
	1	0	1	↑	0	1	1	0	0	1				
	1	0	1	↑	1	0	1	1	0	1				
	1	0	1	↑	1	1	0	0	1	1				

模式 10 测试	输　入										输　出			
	$\overline{(CLR)}$	模式		CLK	串行		并行				Q_D	Q_C	Q_B	Q_A
		S1	S0		SL	SR	A	B	C	D				
	1	1	0	↑	0	0	1	0	0	0				
	1	1	0	↑	0	1	1	0	0	1				
	1	1	0	↑	1	0	1	1	0	1				
	1	1	0	↑	1	1	0	0	1	1				

模式 00 测试	输　入										输　出			
	$\overline{(CLR)}$	模式		CLK	串行		并行				Q_D	Q_C	Q_B	Q_A
		S1	S0		SL	SR	A	B	C	D				
	1	0	0	↑	0	0	1	0	0	0				
	1	0	0	↑	0	1	1	0	0	1				
	1	0	0	↑	1	0	1	1	0	1				
	1	0	0	↑	1	1	0	0	1	1				

74LS194 逻辑 功能总结	

5S 完成情况	

经验体会总结	
评价考核	自评：	他评：	总评：

附表 6　计数器工作任务单

任务信息	任务名称	计数器	完成人	
	任务工单号	3.2	工位号	
客户信息	单位名称		联系电话	
	产品型号		任务日期	
特别需求				
任务内容	• 使用反馈置位法实现八进制计数器 • 对计数器电路安装、调试			
任务目标	**知识目标** • 掌握计数器的反馈置位法 • 掌握七段显示译码器的逻辑功能 **技能目标** • 能按照原理图连接组合电路 • 会利用七段数码管测试计数器的逻辑功能 **素养目标** • 安全规范、严谨细致、节约能源，勇于探索的科学态度 • 自主学习，主动完成任务内容，提炼学习重点 • 团结合作，主动帮助同学，善于协调工作关系			
仿真电路图	VCC 5 V U2 ~CLR ~LOAD ENT ENP RCO 15 CLK V1 1 Hz 5 V 3 A QA 14 4 B QB 13 5 C QC 12 6 D QD 11 74LS160D U1A 74LS04D VCC 5 V U3 ~BI/RBO ~RBI ~LT A B C D OA 13 OB 12 OC 10 OD 9 OE 8 OF 15 OG 14 74LS48D R4 RPACK 7 50 Ω U11 ABCDEFG			

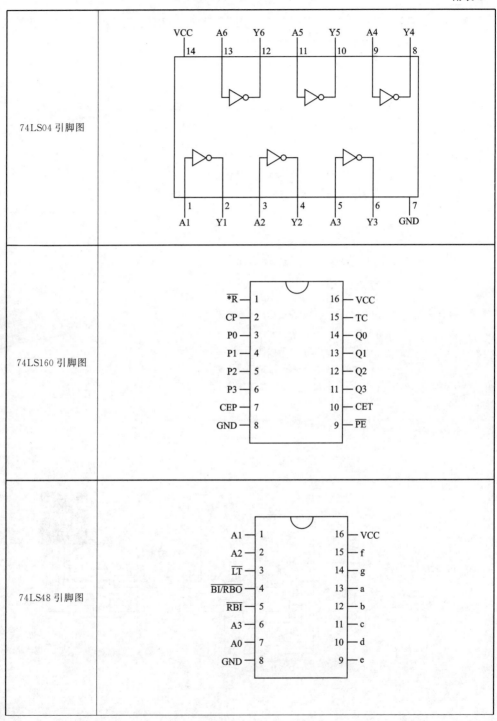

74LS04 引脚图	
74LS160 引脚图	
74LS48 引脚图	

附表 6

查找集成电路数据手册,熟悉其逻辑功能	74LS04
	74LS160
	74LS48

元器件检测	序号	名称	型号	数量	检测结果
	1				
	2				
	3				
	4				
	5				

电路连接是否完成	
有无短路现象	
逻辑功能测试	

思考	能否简单修改电路实现 0~8 的九进制计数
5S 完成情况	
经验体会总结	

评价考核	自评：	他评：	总评：

附表7　延时自动熄灯电路任务单

任务信息	任务名称	延时自动熄灯电路	完成人	
	任务工单号	4.1	工位号	
客户信息	单位名称		联系电话	
	产品型号		任务日期	
特别需求				
任务内容	• 利用 555 定时器实现延时熄灯电路的设计 • 对设计结果进行仿真测试			
任务目标	**知识目标** • 掌握利用 555 定时器设计单稳态触发器的方法 • 掌握延时熄灯电路的仿真测试方法 **技能目标** • 能按照原理图连接组合电路 • 会利用仪器仪表进行仿真测试 **素养目标** • 安全规范、严谨细致、节约能源、勇于探索的科学态度 • 自主学习,主动完成任务内容,提炼学习重点 • 团结合作,主动帮助同学,善于协调工作关系			
仿真电路图	见图 4.2.2			
功能测试				
改变 R1 再次测试	(将 R1 减小到 10 kΩ,计算其理论定时时间)			

改变 C1 再次 测试	（将 C1 减小到 10 μF，计算其理论定时时间）
示波器观察	（将 C1 减小到 1 μF，计算其理论定时时间，对比 555 定时器 2 脚、7 脚、3 脚等处的波形）
5S 完成情况	
经验体会总结	
评价考核	自评：　　　　　　　　他评：　　　　　　　　总评：

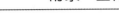

附表 8 模拟声响发生器工作任务单

任务信息	任务名称	模拟声响发生器	完成人	
	任务工单号	4.2	工位号	
客户信息	单位名称		联系电话	
	产品型号		任务日期	
特别需求				
任务内容	• 理解模拟声响发生器工作原理 • 对模拟声响发生器安装、调试			
任务目标	**知识目标** • 掌握利用 555 定时器设计多谐振荡器的方法 • 掌握模拟声响发生器的安装调试方法 **技能目标** • 能按照原理图连接模拟声响发生器电路 • 会利用万用表、示波器等仪器调试模拟声响发生器 **素养目标** • 安全规范、严谨细致、节约能源,勇于探索的科学态度 • 自主学习,主动完成任务内容,提炼学习重点 • 团结合作,主动帮助同学、善于协调工作关系			
电路图	见图 4.3.1			

元器件检测	序号	名称	型号	数量	检测结果
	1				
	2				
	3				
	4				
	5				
	6				
	7				
	8				

电路连接是否完成	

有无短路现象	
功能测试	（调节 RP1）
示波器测试	（观察两个 555 定时器 2 脚、7 脚、3 脚等处的波形和扬声器的波形,测量两个多谐振荡器的输出频率）
5S 完成情况	
经验体会总结	
评价考核	自评：	他评：	总评：

附表 9　监控报警电路工作任务单

任务信息	任务名称	监控报警电路	完成人	
	任务工单号	5.1	工位号	
客户信息	单位名称		联系电话	
	产品型号		任务日期	
特别需求				
任务内容	• 设计一个监控报警电路 • 对设计结果进行仿真测试			
任务目标	**知识目标** • 掌握综合电子电路的设计方法 • 掌握综合电子电路的仿真测试方法 **技能目标** • 能按照原理图连接综合电子电路 • 会利用万用表、示波器等仪器测试综合电子电路 **素养目标** • 安全规范、严谨细致、节约能源、勇于探索的科学态度 • 自主学习,主动完成任务内容,提炼学习重点 • 团结合作,主动帮助同学,善于协调工作关系			
产品计件电路	见图 5.2.2			
产品计件电路仿真测试	(先用 J1 复位计数器 74LS160,然后改变电位器 R3,观察数码管显示规律)			

监控报警 电路	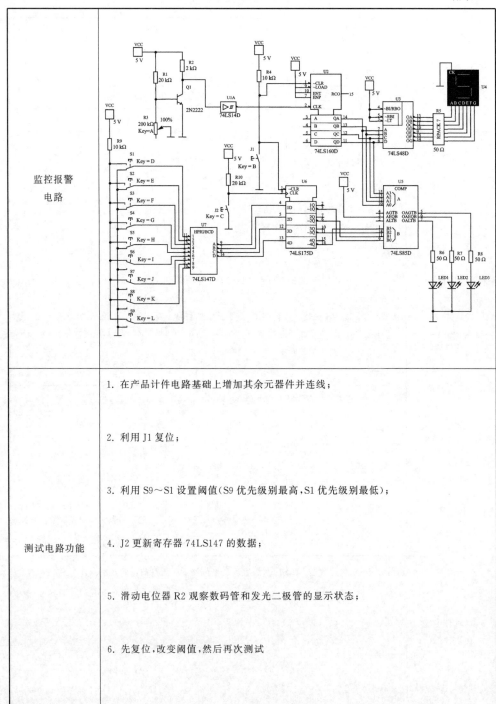
测试电路功能	1. 在产品计件电路基础上增加其余元器件并连线; 2. 利用 J1 复位; 3. 利用 S9~S1 设置阈值(S9 优先级别最高,S1 优先级别最低); 4. J2 更新寄存器 74LS147 的数据; 5. 滑动电位器 R2 观察数码管和发光二极管的显示状态; 6. 先复位,改变阈值,然后再次测试

附表 9

测试结果	（第一次测试） （第二次测试）
5S 完成情况	
经验体会总结	

评价考核	自评：	他评：	总评：

附录 10 工作任务单

任务信息	任务名称	秒表电路	完成人	
	任务工单号	5.2	工位号	
客户信息	单位名称		联系电话	
	产品型号		任务日期	
特别需求				
任务内容	• 掌握秒表电路设计方法 • 掌握秒表电路的安装、调试方法			
任务目标	**知识目标** • 掌握秒表电路的设计方法 • 掌握秒表电路的安装调试方法 **技能目标** • 能按照原理图连接秒表电路 • 会利用万用表、示波器等方式测试综合应用电路 **素养目标** • 安全规范、严谨细致、节约能源,勇于探索的科学态度 • 自主学习,主动完成任务内容,提炼学习重点 • 团结合作,主动帮助同学,善于协调工作关系			
电路图				

附表 10

集成电路 引脚图	(查找数据手册,自行绘制集成电路引脚图)

元器件 检测	序号	名称	型号	数量	检测结果
	1				
	2				
	3				
	4				
	5				
	6				
	7				
	8				
	9				

电路连接 是否完成	

有无短路 现象	

逻辑功能 测试	

5S完成情况	
经验体会总结	

评价考核	自评：	他评：	总评：